NOUVEAU GUIDE +

math 3e

Résumés de cours

Exercices corrigés

Par une équipe de professeurs
sous la direction de **Jean-Louis Boursin,**
agrégé de mathématiques

Édition revue
avec le concours de **Edmond Augier,**
professeur au collège Charles III

BELIN
8, rue Férou 75278 Paris cedex 06
www.editions-belin.com

POUR RÉUSSIR AU COLLÈGE

- DANS LA COLLECTION GUIDES PLUS :
  - Math 6e
  - Math 5e
  - Math 4e

- DANS LA COLLECTION BELIN BREVET :
  - Math 6e
  - Math 5e
  - Math 4e
  - Math 3e
  - Dictionnaire Math–Collège

ISSN 1246-8231 ISBN 978-2-7011-**4771**-0

Sommaire

DE LA 6e À LA 3^{e}

Pour réussir en math

Des guides simples, pratiques et agréables

- Un langage simple et accessible
- Des séances de travail pour faciliter le travail autonome
- Des explications détaillées
- Un découpage qui s'adapte à toutes les progressions
- Une présentation claire et attrayante

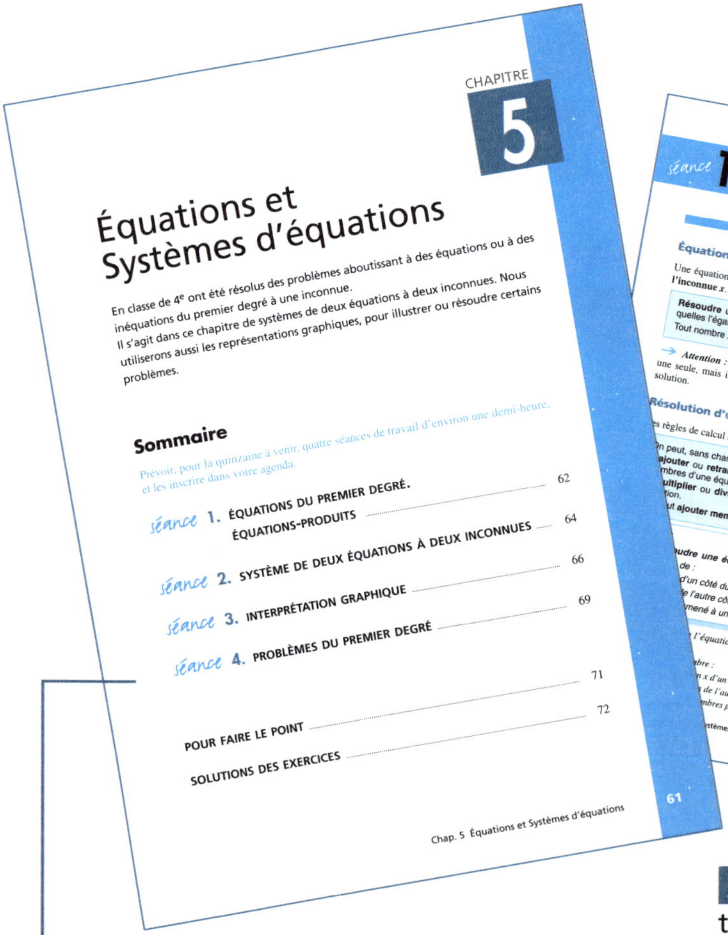

CHAPITRE 5

Équations et Systèmes d'équations

En classe de 4e ont été résolus des problèmes aboutissant à des équations ou à des inéquations du premier degré à une inconnue.
Il s'agit dans ce chapitre de systèmes de deux équations à deux inconnues. Nous utiliserons aussi les représentations graphiques, pour illustrer ou résoudre certains problèmes.

Sommaire

Prévoir, pour la quinzaine à venir, quatre séances de travail d'environ une demi-heure, et les inscrire dans votre agenda.

Chap. 5 Équations et Systèmes d'équations 61

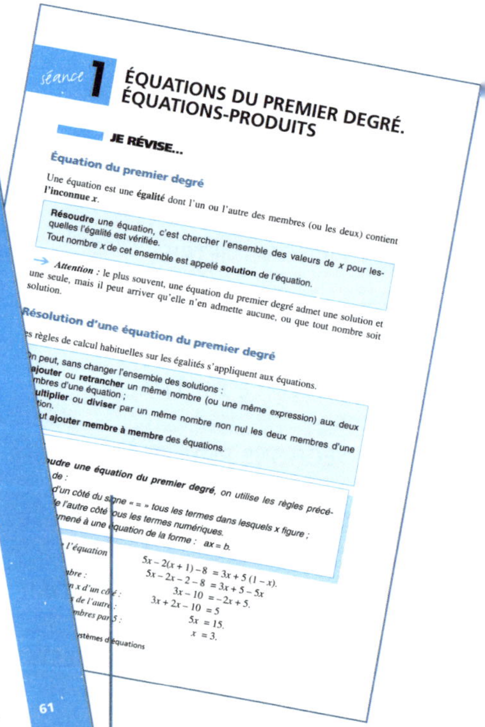

séance 1 ÉQUATIONS DU PREMIER DEGRÉ. ÉQUATIONS-PRODUITS

JE RÉVISE...

Équation du premier degré

Une équation est une **égalité** dont l'un ou l'autre des membres (ou les deux) contient **l'inconnue** x.

Résoudre une équation, c'est chercher l'ensemble des valeurs de x pour lesquelles l'égalité est vérifiée.
Tout nombre x de cet ensemble est appelé **solution** de l'équation.

Attention : le plus souvent, une équation du premier degré admet une solution et une seule, mais il peut arriver qu'elle n'en admette aucune, ou que tout nombre soit solution.

Résolution d'une équation du premier degré

1 1/2 heure par séance : j'organise mon travail à l'avance

2 En une ou deux pages, tout ce qu'il faut savoir pour réussir.
Des encadrés pour que je retienne l'essentiel.

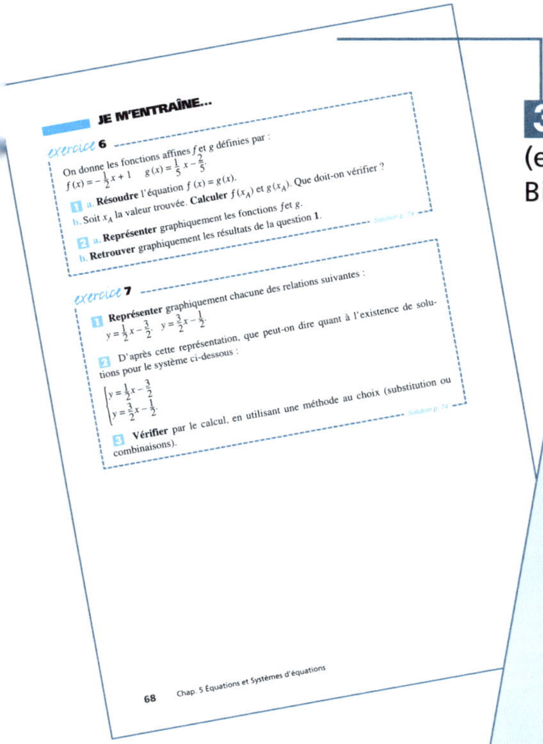
JE M'ENTRAÎNE...

exercice **6**

On donne les fonctions affines f et g définies par :
$f(x) = -\frac{1}{2}x + 1 \quad g(x) = \frac{1}{5}x - \frac{2}{5}$.

1 a. **Résoudre** l'équation $f(x) = g(x)$.
b. Soit x_A la valeur trouvée. **Calculer** $f(x_A)$ et $g(x_A)$. Que doit-on vérifier ?

2 a. **Représenter** graphiquement les fonctions f et g.
b. **Retrouver** graphiquement les résultats de la question **1**.

Solution p. 74

exercice **7**

1 **Représenter** graphiquement chacune des relations suivantes :
$y = \frac{1}{2}x - \frac{3}{2}$, $y = \frac{3}{2}x - \frac{1}{2}$.

2 D'après cette représentation, que peut-on dire quant à l'existence de solutions pour le système ci-dessous :

$$\begin{cases} y = \frac{1}{2}x - \frac{3}{2} \\ y = \frac{3}{2}x - \frac{1}{2} \end{cases}$$

3 **Vérifier** par le calcul, en utilisant une méthode au choix (substitution ou combinaisons).

Solution p. 74

68 Chap. 5 Équations et Systèmes d'équations

3 Je fais tous les exercices de la séance (elle a été prévue pour ça…). Bien sûr, je ne triche pas !

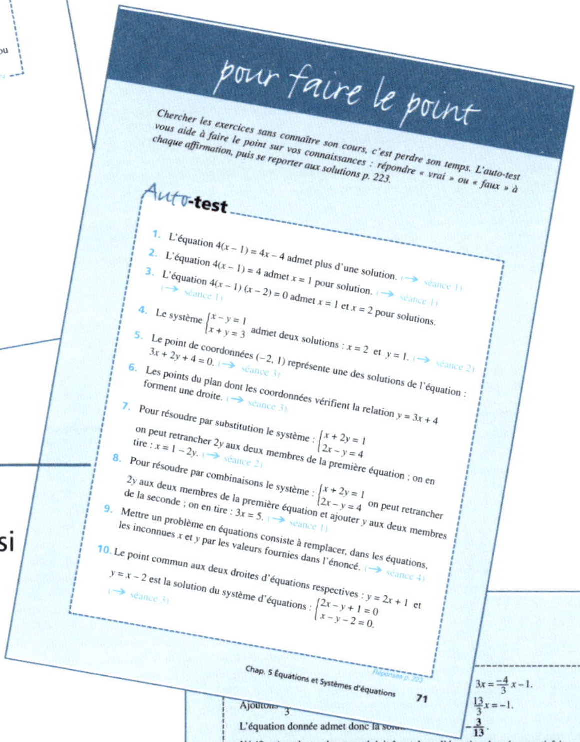
pour faire le point

Chercher les exercices sans connaître son cours, c'est perdre son temps. L'auto-test vous aide à faire le point sur vos connaissances : répondre « vrai » ou « faux » à chaque affirmation, puis se reporter aux solutions p. 223.

Auto-**test**

1. L'équation $4(x-1) = 4x - 4$ admet plus d'une solution. (→ séance 1)
2. L'équation $4(x-1) = 4$ admet $x = 1$ pour solution. (→ séance 1)
3. L'équation $4(x-1)(x-2) = 0$ admet $x = 1$ et $x = 2$ pour solutions. (→ séance 1)
4. Le système $\begin{cases} x - y = 1 \\ x + y = 3 \end{cases}$ admet deux solutions : $x = 2$ et $y = 1$. (→ séance 2)
5. Le point de coordonnées $(-2, 1)$ représente une des solutions de l'équation : $3x + 2y + 4 = 0$. (→ séance 3)
6. Les points du plan dont les coordonnées vérifient la relation $y = 3x + 4$ forment une droite. (→ séance 3)
7. Pour résoudre par substitution le système : $\begin{cases} x + 2y = 1 \\ 2x - y = 4 \end{cases}$ on peut retrancher $2y$ aux deux membres de la première équation : on en tire : $x = 1 - 2y$. (→ séance 2)
8. Pour résoudre par combinaisons le système : $\begin{cases} x + 2y = 1 \\ 2x - y = 4 \end{cases}$ on peut retrancher $2y$ aux deux membres de la première équation et ajouter y aux deux membres de la seconde ; on en tire : $3x = 5$. (→ séance 1)
9. Mettre un problème en équations consiste à remplacer, dans les équations, les inconnues x et y par les valeurs fournies dans l'énoncé. (→ séance 4)
10. Le point commun aux deux droites d'équations respectives : $y = 2x + 1$ et $y = x - 2$ est la solution du système d'équations : $\begin{cases} 2x - y + 1 = 0 \\ x - y - 2 = 0. \end{cases}$ (→ séance 3)

Réponses p. 223

Chap. 5 Équations et Systèmes d'équations 71

4 Un auto-test pour savoir si je connais parfaitement le cours (les réponses sont en fin d'ouvrage).

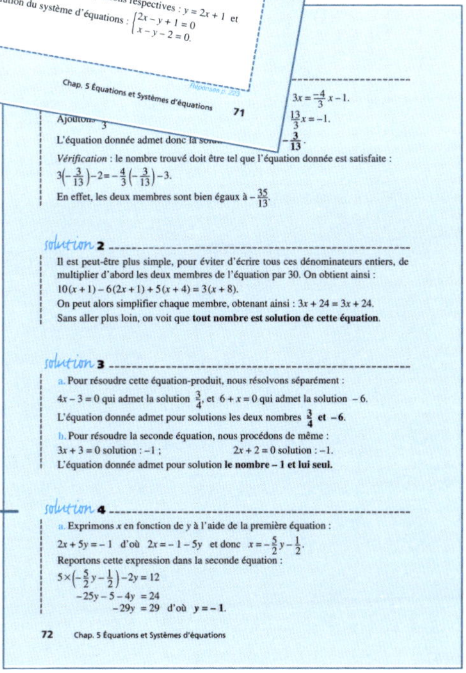
$3x = \frac{-4}{3}x - 1$.

Ajoutons … $\frac{13}{3}x = -1$.

L'équation donnée admet donc la solution … $-\frac{3}{13}$.

Vérification : le nombre trouvé doit être tel que l'équation donnée est satisfaite :
$3\left(-\frac{3}{13}\right) - 2 = -\frac{4}{3}\left(-\frac{3}{13}\right) - 3$.
En effet, les deux membres sont bien égaux à $-\frac{35}{13}$.

solution **2**

Il est peut-être plus simple, pour éviter d'écrire tous ces dénominateurs entiers, de multiplier d'abord les deux membres de l'équation par 30. On obtient ainsi :
$10(x+1) - 6(2x+1) + 5(x+4) = 3(x+8)$.
On peut alors simplifier chaque membre, obtenant ainsi : $3x + 24 = 3x + 24$.
Sans aller plus loin, on voit que **tout nombre est solution de cette équation**.

solution **3**

a. Pour résoudre cette équation-produit, nous résolvons séparément :
$4x - 3 = 0$ qui admet la solution $\frac{3}{4}$, et $6 + x = 0$ qui admet la solution -6.
L'équation donnée admet pour solutions les deux nombres $\frac{3}{4}$ **et** -6.
b. Pour résoudre la seconde équation, nous procédons de même :
$3x + 3 = 0$ solution : -1 ; $2x + 2 = 0$ solution : -1.
L'équation donnée admet pour solution **le nombre** -1 **et lui seul.**

solution **4**

a. Exprimons x en fonction de y à l'aide de la première équation :
$2x + 5y = -1$ d'où $2x = -1 - 5y$ et donc $x = -\frac{5}{2}y - \frac{1}{2}$.
Reportons cette expression dans la seconde équation :
$5\times\left(-\frac{5}{2}y - \frac{1}{2}\right) - 2y = 12$
$-25y - 5 - 4y = 24$
$-29y = 29$ d'où $y = -1$.

72 Chap. 5 Équations et Systèmes d'équations

5 Je vérifie tout de suite mes réponses : les solutions aux exercices sont à la fin de chaque chapitre.

CHAPITRE

1

Nombres entiers et rationnels

Depuis l'École élémentaire, on ne s'est plus guère soucié des nombres entiers ou des fractions. On les utilise pourtant quotidiennement, et nous avons vu, au chapitre 2, que certains nombres que nous représentons facilement par des longueurs, ne peuvent pourtant pas s'écrire comme des fractions, dont le numérateur et le dénominateur seraient des entiers.

Sommaire

Prévoir, pour la quinzaine à venir, quatre séances de travail d'environ une demi-heure, et les inscrire dans votre agenda.

séance 1 MULTIPLES D'UN ENTIER

JE RÉVISE...

Définitions générales

Un entier B est appelé un multiple de l'entier A, s'il existe un entier C tel que B soit égal au produit CA.

Exemples :
20, 50, 640 sont des multiples de 10 car on peut écrire

$20 = 2 \times 10, \qquad 50 = 5 \times 10, \qquad 640 = 64 \times 10.$

→ ***Remarque :***
En dehors de 0, qui est un multiple de n'importe quel entier (mais c'est sans intérêt dans beaucoup de questions), les multiples d'un entier A sont :
A (lui-même), $2A$, $3A$,... qui sont tous supérieurs à A.
Ainsi, si B est un multiple non nul de A, on est assuré que $B \geqslant A$.

Reconnaître un multiple

On sait depuis longtemps reconnaître les multiples de quelques entiers : ce sont les critères de divisibilité. Ainsi, un nombre est :
– un multiple de 2 (nombre pair) lorsque son dernier chiffre est un multiple de 2 ;
– un multiple de 5 lorsque son dernier chiffre est un multiple de 5 ;
– un multiple de 4 lorsque ses deux derniers chiffres forment un multiple de 4 ;
– un multiple de 25 lorsque ses deux derniers chiffres forment un multiple de 25 ;
– un multiple de 3 lorsque la somme de ses chiffres est un multiple de 3 ;
– un multiple de 9 lorsque la somme de ses chiffres est un multiple de 9...

Mais, pour un nombre plus compliqué A, il n'est guère d'autre méthode que de faire la division du nombre donné B par A. Si elle « tombe juste », on aura bien trouvé un entier C tel que B soit égal au produit CA.

JE M'ENTRAÎNE...

exercice 1

On donne trois entiers arbitraires.

a. **Prouver** que deux au moins de ces entiers donnent le même reste si on les divise par 2.

b. On suppose que deux de ces entiers sont pairs. Que peut-on affirmer de leur somme ?

c. On suppose que deux de ces entiers sont impairs. Que peut-on affirmer de leur somme ? **Conclure.**

Solution p. 16

exercice 2

Le but de cet exercice est de démontrer un résultat amusant que vous pourrez soumettre à vos amis : « dans tout ensemble de cinq entiers distincts, il en existe trois dont la somme est un multiple de 3. »

1 Quels sont les restes dans la division par 3 de chacun des nombres suivants : 16 ; 21 ; 33 ; 46.

2 Quels sont les restes possibles lorsqu'on divise un entier par 3, et pourquoi ?

3 On prend cinq entiers quelconques, et on les divise par 3 :
$A = 3X + R$, $B = 3Y + S$, $C = 3Z + T$, $D = 3W + U$, $E = 3P + V$,
et on suppose que trois des restes, par exemple R, S et T sont égaux.
Pourquoi peut-on affirmer que $A + B + C$ est un multiple de 3 ?

4 S'il n'existe pas trois nombres égaux parmi les nombres R, S, T, U, V ci-dessus, pourquoi est-on sûr que l'un de ces nombres est égal à 0, un est égal à 1 et un est égal à 2 ?
Si par exemple $R = 0$, $S = 1$ et $T = 2$, pourquoi peut-on affirmer que $A + B + C$ est un multiple de 3 ? **Conclure.**

Solution p. 16

séance 2 CALCULS SUR LES MULTIPLES D'UN ENTIER

JE RÉVISE...

Somme et différence

Les relations connues

$$CA + DA = (C + D)A$$
$$CA - DA = (C - D)A$$

rappellent que :

1. la somme de deux multiples d'un nombre est un multiple de ce nombre,
2. la différence de deux multiples d'un nombre est un multiple de ce nombre.

Application

Une application des résultats précédents permet de répondre à la question simple : « Quels sont les couples de nombres dont la somme est égale au produit ? »

La relation $AB = A + B$ permet d'écrire $B = AB - A$ et de voir que B, qui est la différence de deux multiples de A, est donc un multiple de A.

Sauf si $B = 0$ (auquel cas, $A = 0$ et on trouve le couple (0 ; 0) qui répond bien à la question), il en résulte (remarque de la page 8) que $B \geqslant A$.

Bien sûr, on aurait montré de même que $A \geqslant B$ et donc $A = B$.

La relation posée s'écrit alors $A^2 - 2A = 0$

$$A(A - 2) = 0$$

soit, puisque le cas $A = 0$ a déjà été écarté, $A = 2$.

Les couples cherchés sont donc (0 ; 0) et (2 ; 2).

Multiple d'un multiple

La définition d'un multiple entier rend évidente la propriété suivante :
tout multiple d'un multiple d'un entier est un multiple de cet entier.

Exemple : tout multiple d'un nombre pair est un nombre pair.

JE M'ENTRAÎNE...

exercice 3

2000 candidats à un examen ont chacun un numéro d'inscription, entier entre 1 et 2000, et seront répartis en deux grandes salles d'examen.
Dans la salle S, le chef du centre d'examen tient absolument à ne pas mettre deux candidats qui auraient des numéros multiples l'un de l'autre.

1 Pouvez-vous lui proposer une façon de mettre 1000 candidats dans cette salle ?

2 Il se demande s'il ne pourrait pas en mettre 1001.

a. À tout entier au plus égal à 2000, on associe une clé secrète, égale au dernier quotient entier obtenu en divisant cet entier par 2 autant de fois qu'il est possible.
Calculer les clés secrètes de 1999 ; 2000 ; 32.

b. **Démontrer** que tout entier est un multiple de sa clé secrète.

c. Pourquoi est-on certain que, parmi les clés secrètes de 1001 candidats du centre d'examens, il en est deux qui sont égales ?

d. Que conseiller au chef de centre ?

Solution p. 17

exercice 4

On veut étudier les triangles rectangles dont les côtés sont mesurés par des entiers, aucun n'étant un multiple de 3.

1 **Rappeler** la relation entre les nombres a, b, et c mesurant respectivement l'hypoténuse et les côtés de l'angle droit.

2 Soit n un entier quelconque qui n'est pas un multiple de 3. On le divise par 3. Quelles sont les valeurs possibles du reste ?
On divise n^2 par 3. Quelles sont les valeurs possibles du reste ?

3 Pourquoi est-il impossible de trouver un triangle correspondant aux conditions posées ?

Solution p. 18

séance 3 DIVISEURS COMMUNS À DEUX ENTIERS

JE RÉVISE…

Diviseurs d'un entier

Si un entier B non nul est un multiple de A, on dit aussi bien que A est un diviseur de B.

→ ***Remarques :***
Parmi les diviseurs d'un entier B, il y a toujours 1, et B lui-même.
Un diviseur d'un entier est inférieur ou égal à cet entier.

Exemples : les diviseurs de 17 sont 1 et 17 ;
les diviseurs de 16 sont 1, 2, 4, 8, 16 ;
les diviseurs de 44 sont 1, 2, 4, 11, 22, 44 ;
les diviseurs de 45 sont 1, 3, 5, 9, 15, 45.

Diviseurs communs

Tout diviseur commun à deux entiers est un diviseur de leur somme et un diviseur de leur différence.

> Deux entiers P et Q ont toujours au moins un diviseur commun : 1.
> S'ils n'ont que celui-là, ils sont dits premiers entre eux.

Exemples : 16 et 17 sont premiers entre eux.
Deux entiers pairs ne peuvent pas être premiers entre eux.

Application aux fractions

Si le numérateur et le dénominateur d'une fraction ont un diviseur commun D (autre que 1), on simplifie la fraction en divisant l'un et l'autre par D.

Exemple : $\frac{44}{14} = \frac{22}{7}$.

On a divisé par 2 le numérateur et le dénominateur : on dit qu'on a simplifié la fraction par 2.

Si le numérateur et le dénominateur d'une fraction sont premiers entre eux, la fraction est irréductible.

Exemple : $\frac{44}{45}$ est irréductible.

On a écrit plus haut les diviseurs de 44 et ceux de 45 : seul 1 est un diviseur commun.

JE M'ENTRAÎNE...

exercice 5

On donne cinq entiers consécutifs : n, $n+1$, $n+2$, $n+3$, $n+4$.

1 **Prouver** que, indépendamment du choix de n, l'entier 5 ne peut pas être un diviseur commun à deux d'entre d'eux.

2 Si deux de nos entiers ont un diviseur commun, quel peut être ce diviseur commun ?

3 On donne trois entiers impairs qui se suivent $2n+1$, $2n+3$, $2n+5$. Est-il possible que 3 soit un diviseur commun à deux d'entre eux ? **Justifier** la réponse.

4 On cherche s'il est possible qu'un des cinq entiers consécutifs considérés à la première question, P, soit premier avec tous les autres.
P peut-il être pair ? **Justifier.**
Prouver qu'il existe toujours un entier P premier avec tous les autres.

Solution p. 18

séance 4 ALGORITHME D'EUCLIDE

JE RÉVISE...

Principe de l'algorithme

On donne des entiers P et Q (avec $P > Q$). Il résulte des propriétés rappelées plus haut que les diviseurs communs à P et Q sont les diviseurs communs à Q et au reste R dans la division euclidienne de P par Q : $P = AQ + R$.

Il est plus simple de chercher les diviseurs communs du couple (Q, R) que de (P, Q), car $Q < P$ et $R < Q$. On a donc remplacé deux entiers par deux entiers strictement plus petits. L'algorithme d'Euclide consiste à recommencer jusqu'à ce qu'on obtienne un reste nul.

Exemple : on veut déterminer les diviseurs communs à 1 448 et 86.
On pose la division, obtenant
$1\,448 = 16 \times 86 + 72$.
Les diviseurs communs cherchés sont les diviseurs communs à 86 et 72.

On pose la division, obtenant $86 = 1 \times 72 + 14$.
Les diviseurs communs cherchés sont les diviseurs communs à 72 et 14.

On pose la division, obtenant $72 = 5 \times 14 + 2$.
Les diviseurs communs cherchés sont les diviseurs communs à 14 et 2.

On pose la division, obtenant $14 = 7 \times 2 + 0$.
Les diviseurs communs cherchés sont les diviseurs communs à 2 et 0, c'est-à-dire les diviseurs de 2, qui sont 1 et 2.

PGCD

Les diviseurs communs à deux nombres étant inférieurs à ces deux nombres, il existe toujours, pour deux entiers *P* et *Q*, un plus grand commun diviseur (PGCD).

Si le PGCD est 1, les deux nombres sont premiers entre eux.

→ ***Remarques :***

– si on divise les deux nombres 1 448 et 72 par leur PGCD, 2, les nombres obtenus 724 et 43 sont premiers entre eux. En effet, si d est un de leurs diviseurs communs, les égalités $724 = Ad$ et $43 = Bd$ entraînent $1\,448 = 2Ad$ et $86 = 2Bd$;

$2d$ serait un diviseur commun : comme 2 est le plus grand, nécessairement $d = 1$.

– pour rendre une fraction irréductible, il convient donc de diviser son numérateur et son dénominateur par leur PGCD.

JE M'ENTRAÎNE...

exercice 6

Utiliser l'algorithme d'Euclide pour déterminer le PGCD des couples suivants :

a. 2 240 et 3 535 ; **b.** 4 557 et 462.

Solution p. 19

exercice 7

Par quel nombre faut-il diviser le numérateur et le dénominateur de $\frac{385}{315}$ pour obtenir une fraction irréductible ?

Solution p. 19

pour faire le point

Chercher les exercices sans connaître son cours, c'est perdre son temps. L'auto-test vous aide à faire le point sur vos connaissances : répondre « vrai » ou « faux » à chaque affirmation, puis se reporter aux solutions p. 222.

Auto-test

1. Deux entiers ont toujours au moins un multiple commun. (→ séance 1)

2. Deux entiers ont toujours au moins un diviseur commun. (→ séance 3)

3. Parmi les diviseurs d'un entier, il en existe un plus petit et un plus grand. (→ séance 3)

4. Parmi les multiples d'un entier, il en existe un plus petit et un plus grand. (→ séance 2)

5. La somme de deux multiples d'un entier est un multiple de cet entier. (→ séance 2)

6. La somme de deux diviseurs d'un entier est un diviseur de cet entier. (→ séance 3)

7. Si deux entiers sont premiers entre eux, leur PGCD est égal à 1. (→ séance 3)

8. Si le PGCD de deux entiers est égal à 1, ces entiers sont premiers entre eux. (→ séance 3)

9. L'ensemble $\{A, B, C\}$ dans lequel A et B sont des entiers non nuls et C leur PGCD :
comprend toujours trois nombres distincts ;
peut ne comporter que deux nombres distincts ;
peut ne comporter que des nombres égaux. (→ séance 4)

10. On donne des entiers A, B, C sont nuls. Si A/B est une fraction irréductible, on est assuré que $\frac{A + BC}{B}$ est une fraction irréductible. (→ séances 3 et 4)

Réponses p. 222

SOLUTIONS DES *exercices*

solution 1

a. Quand on divise un entier par 2, le reste, qui doit être strictement inférieur à 2, est soit 0, soit 1.
Sur trois restes, au moins deux sont donc égaux. Autrement dit, sur trois entiers arbitraires :
– ou bien au moins deux sont pairs,
– ou bien au moins deux sont impairs.

b. La somme de deux nombres pairs est un nombre pair :
$2p + 2q = 2(p + q)$.

c. La somme de deux nombres impairs est un nombre pair :
$2p + 1 + 2q + 1 = 2(p + q) + 2$.
En conclusion, on a prouvé que, si on prend trois entiers arbitrairement, il y en a deux parmi eux dont la somme est un nombre pair.

solution 2

1 Dans la division par 3, 16 donne pour reste 1,
21 donne pour reste 0,
33 donne pour reste 0,
46 donne pour reste 1.

2 Plus généralement, quand on divise un entier par 3, le reste, qui est un entier strictement inférieur à 3 ne peut être que 0, 1 ou 2.

3 Pour ces cinq divisions, supposons que trois des restes sont égaux, par exemple $R = S = T$.
Alors : $A + B + C = 3(X + Y + Z) + R + S + T = 3(X + Y + Z) + 3R$
est un multiple de 3.

4 Les cinq nombres R, S, T, U, V ne peuvent prendre que les valeurs 0, 1 ou 2.
Si l'une de ces valeurs n'était pas prise, on aurait cinq nombres ne pouvant prendre que deux valeurs, et l'une d'elles serait donc prise au moins trois fois, ce qui est exclu dans cette question.
Si par exemple $R = 0$, $S = 1$ et $T = 2$,
$A + B + C = (3X + R) + (3Y + S) + (3Z + T) = 3(X + Y + Z) + 3$
est bien un multiple de 3.
En conclusion, dans tout ensemble de cinq entiers distincts, il en existe trois dont la somme est un multiple de 3.

→ ***Remarque*** *: en relisant la démonstration, on peut voir que le fait que les entiers soient distincts n'a pas été utilisé.*

solution 3

1 Il est clair que, parmi les entiers

1001, 1002, 1003, ... 2000

aucun n'est multiple d'un autre, puisque tout multiple d'un de ces nombres est au moins égal à $2 \times 1001 = 2002$.
Le chef de centre peut donc mettre dans la salle S les candidats dont les numéros sont au moins 1 001.

2 Il se demande s'il ne pourrait pas en mettre 1 001.

a. La clé secrète de 1 999 est 1 999 lui-même puisque ce nombre n'est pas divisible par 2.

Les divisions successives de 2 000 par 2 donnent

1000, 500, 250, 125

et la clé secrète de 2 000 est donc 125.

Les divisions successives de 32 par 2 donnent

16, 8, 4, 2, 1

et la clé secrète de 32 est donc 1.

b. La clé secrète d'un entier P est obtenue en le divisant par 2, ou par 4, ou par 8, et ainsi de suite, mais en tout cas en le divisant exactement par un entier. Elle est donc un diviseur de P.

c. Les clés secrètes de 1 001 candidats sont des nombres impairs inférieurs à 2000.
Or, il n'existe que 1 000 nombres impairs inférieurs à 2000 : on voit par exemple que les entiers de 1 000 à 2 000 peuvent être exactement groupés par paires (1 ; 2) (3 ; 4) (5 ; 6) ... (1999 ; 2000) et qu'il en est donc parmi eux autant de pairs que d'impairs, soit mille de chaque.
Donc, parmi nos 1001 candidats, 1 000 pourront avoir des clés secrètes toutes différentes, mais le 1 001e aura forcément une clé secrète égale à l'une des 1 000 autres.

d. Soient donc A et B les numéros de deux candidats qui, parmi les 1 001 qu'il voudrait faire entrer en salle S, ont la même clé secrète Q.
A est le produit de Q par un certain nombre de facteurs égaux à 2 :

$$A = Q \times 2 \times 2 \times \ldots \times 2.$$

B est le produit de Q par un certain nombre de facteurs égaux à 2 :

$$B = Q \times 2 \times 2 \times \ldots \times 2.$$

Le plus grand de ces deux nombres est donc un multiple de l'autre.
On ne peut que conseiller au chef de Centre de renoncer à son idée, elle est irréalisable.

solution 4

On veut étudier les triangles rectangles dont les côtés sont mesurés par des entiers, aucun n'étant un multiple de 3.

1 La relation entre les nombres a, b, et c mesurant respectivement l'hypoténuse et les côtés de l'angle droit d'un triangle rectangle, est la relation de Pythagore :

$$a^2 = b^2 + c^2.$$

2 Soit n un entier quelconque qui n'est pas un multiple de 3. Dans une division par 3, les valeurs possibles du reste sont les entiers inférieurs à 3, c'est-à-dire 0, 1 ou 2. Comme 0 a été exclu puisque n n'est pas un multiple de 3, les restes possibles sont 1 et 2.

La seconde partie de cette question recèle un danger, si on y répond trop vite par une simple analogie avec ce qui précède.
En effet, d'après la première partie, ou bien n peut s'écrire $3p + 1$, ou bien n peut s'écrire $3p + 2$.
Alors, respectivement, n^2 s'écrit :
soit $(3p + 1)^2 = 9p^2 + 6p + 1 = 3(3p^2 + 2p) + 1$,
soit $(3p + 2)^2 = 9p^2 + 12p + 4 = 3(3p^2 + 4p + 1) + 1$,
et, dans chacun des deux cas, le reste, quand on divise n^2 par 3 est 1.

3 Si on avait trouvé trois entiers a, b, c, non multiples de 3, tels que $a^2 = b^2 + c^2$,
le reste de la division de b^2 par 3 serait 1,
le reste de la division de c^2 par 3 serait 1.
Le reste de la division de $b^2 + c^2$ par 3 serait donc 2, ce qui est impossible puisque le reste de la division de a^2 par 3 est 1.

Il est donc impossible de trouver un triangle correspondant aux conditions posées.

solution 5

On donne cinq entiers consécutifs : n, $n + 1$, $n + 2$, $n + 3$, $n + 4$.

1 Tout diviseur commun à deux des nombres examinés divise leur différence, et cette différence est au maximum 4. Donc, indépendamment du choix de n, l'entier 5 ne peut pas être un diviseur commun à deux des entiers considérés.

2 Si deux de nos entiers ont un diviseur commun, par le raisonnement ci-dessus, ce diviseur commun divise 1, 2, 3, ou 4, et ne peut donc être que l'un de ces nombres.

3 Pour trois entiers impairs consécutifs $2n + 1$, $2n + 3$, $2n + 5$, tout diviseur commun à deux d'entre eux diviserait leur différence. Or ces différences sont égales à 2 ou à 4. Il n'est donc pas possible que 3 soit un diviseur commun à deux d'entre eux.

4 Parmi cinq entiers consécutifs, il y en a au moins deux qui sont pairs. Un nombre pair ne peut donc pas être premier avec chacun des quatre autres ; P ne peut donc pas être pair.

Parmi nos cinq entiers consécutifs, il en existe au moins deux, impairs, dont l'un au moins n'est pas divisible par 3 (question 3).

Celui-là est premier avec tous les autres, puisqu'il ne peut avoir avec aucun de diviseur commun autre que 1, 2, 3, 4 (question 2) et qu'il n'est divisible ni par 3, ni par 2 ou 4 (puisqu'il est impair).

Parmi cinq entiers consécutifs, il en existe donc toujours un qui est premier avec tous les autres.

solution 6

Utilisons l'algorithme d'Euclide pour déterminer le PGCD des couples suivants :

a. 2 240 et 3 535 ;

on effectue les divisions successives

$3\,535 = 1 \times 2\,240 + 1295$, $\quad 2\,240 = 1 \times 1\,295 + 945$,

$1\,295 = 1 \times 945 + 350$, $\quad 945 = 2 \times 350 + 245$,

$350 = 1 \times 245 + 105$, $\quad 245 = 2 \times 105 + 35$,

$105 = 3 \times 35 + 0$.

Le PGCD est donc 35.

b. 4 557 et 462 ;

$4\,537 = 9 \times 462 + 399$, $\quad 462 = 1 \times 399 + 63$,

$399 = 6 \times 63 + 21$, $\quad 63 = 3 \times 21 + 0$.

Le PGCD est donc 21.

solution 7

Le nombre cherché est de PGCD de 385 et 315.

L'algorithme d'Euclide conduit successivement aux couples :

315 et 70, 70 et 35, 35 et 1.

Il faut donc diviser le numérateur et le dénominateur par 35 pour obtenir la fraction irréductible : $\frac{11}{9}$.

CHAPITRE 2

Les racines carrées

Ce serait une erreur de croire que la banalisation des calculatrices rend inutile toute étude des racines carrées. Outre qu'il reste les calculs littéraux, il n'est pas sérieux d'avoir besoin d'une calculatrice pour calculer le produit de $\sqrt{2}$ par lui-même.

Comme de plus, les habitudes sont de proposer presque systématiquement, dans les examens et concours du niveau de la classe de 3e, des exercices sur les racines carrées, il est utile de consacrer à ce chapitre la même attention qu'aux autres.

Sommaire

Prévoir, pour la quinzaine à venir, quatre séances de travail d'environ une demi-heure, et les inscrire dans votre agenda.

séance **1**

RACINE CARRÉE D'UN NOMBRE POSITIF

JE RÉVISE...

Définition

La **racine carrée d'un nombre positif** a est l'unique nombre positif b dont le carré est égal à a.
La racine carrée de a est notée $\sqrt{a}$.
Ainsi, pour $a \geqslant 0$, $\quad (\sqrt{a})^2 = a$.

→ ***Remarque*** : les nombres a et b étant positifs, $\sqrt{a} = b$ signifie que $b^2 = a$.
Le symbole $\sqrt{\ }$ est appelé **radical**. Le nombre a placé sous le radical est le **radicande.**

Exemples : $\sqrt{0} = 0$ puisque $0^2 = 0$; $\sqrt{1} = 1$ puisque $1^2 = 1$.
$\sqrt{4} = 2$ puisque $2^2 = 4$; $\sqrt{9} = 3$ puisque $3^2 = 9$.

→ ***Attention :*** Une racine carrée est **toujours positive.**
La racine carrée d'un nombre **négatif n'existe pas.**

Cas particulier

Racine carrée d'un carré : Pour tout $a \geqslant 0$, $\quad \sqrt{a^2} = a$.

→ ***Attention*** : cela n'est vrai que pour un nombre **positif.** La racine carrée du carré de – 2, c'est-à-dire la racine carrée de 4, est égale à 2, et non à – 2.

Puissance d'ordre 4 d'un radical : Pour tout $a \geqslant 0$, $\quad (\sqrt{a})^4 = a^2$.

Équation x^2 = a

Si $a < 0$, alors l'équation $x^2 = a$ n'admet **pas de solution.**
Si $a = 0$, alors l'équation $x^2 = a$ admet la **solution unique $x = 0$.**
Si $a > 0$, alors l'équation $x^2 = a$ admet **deux solutions, $\sqrt{a}$ et $-\sqrt{a}$.**

Utilisation de la calculatrice

La touche $\sqrt{\ }$ permet de calculer la racine carrée d'un nombre **positif**.

Exemple : 3 $\sqrt{\ }$ *affichage* 1.7320508 $\quad \sqrt{3} \approx$ **1,7 320 508.**

JE M'ENTRAÎNE...

exercice 1

Résoudre les équations données :

a. $x^2 = 4$. b. $x^2 = -1$. c. $x^2 = \left(\frac{3}{4}\right)^2$.

d. $x^2 = \left(-\frac{3}{4}\right)^2$. e. $x^2 = \frac{4}{9}$. f. $x^2 = -\frac{9}{16}$.

g. $\sqrt{x} = 3$. h. $\sqrt{x} = -3$. i. $\sqrt{x^2} = 2$.

Solution p. 29

exercice 2

1 **Développer** et réduire les carrés suivants :

a. $(\sqrt{2} + 1)^2$. b. $(\sqrt{2} - 1)^2$. c. $(1 - \sqrt{2})^2$.

2 **En déduire** une écriture simplifiée de :

a. $\sqrt{3 + 2\sqrt{2}}$. b. $\sqrt{3 - 2\sqrt{2}}$.

Solution p. 29

séance 2 PRODUIT ET QUOTIENT DE RACINES CARRÉES

JE RÉVISE...

Produit de deux racines carrées

Le produit des racines carrées de deux nombres positifs est égal à la racine carrée du produit de ces nombres : $\sqrt{a} \times \sqrt{b} = \sqrt{ab}$.

Application : soit un carré *ABCD* de côté *a*.

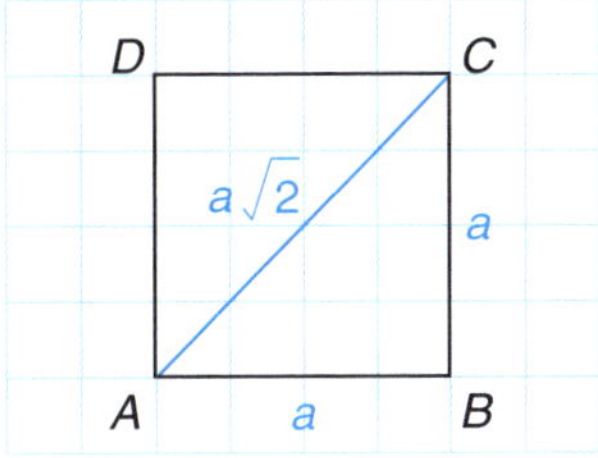

D'après le théorème de Pythagore, $AC^2 = AB^2 + BC^2$

$= a^2 + a^2 = 2a^2$

d'où $AC = \sqrt{2a^2} = \sqrt{2} \times \sqrt{a^2}$

$= a\sqrt{2}$.

La diagonale d'un carré de côté a mesure $a\sqrt{2}$.

Quotient de deux racines carrées

Le quotient des racines carrées de deux nombres positifs est égal à la racine carrée du quotient de ces nombres : $\frac{\sqrt{a}}{\sqrt{b}} = \sqrt{\frac{a}{b}}$.

→ ***Remarque :*** lorsque $a = 1$, on obtient : $\frac{1}{\sqrt{b}} = \sqrt{\frac{1}{b}}$.

Application au calcul numérique

Les règles précédentes permettent des simplifications que la calculatrice ne remplace pas.

Exemple : $\sqrt{3} \times \sqrt{27} = \sqrt{81} = 9$; $\frac{\sqrt{8}}{\sqrt{2}} = \sqrt{\frac{8}{2}} = \sqrt{4} = 2$.

MÉTHODE

*Pour **écrire plus simplement une racine carrée,** on cherche à reconnaître le radicande comme le produit d'un carré par un autre nombre.*

On applique ensuite les règles de calcul sur les racines carrées.

Exemple : $\sqrt{18} = \sqrt{9 \times 2} = \sqrt{3^2 \times 2} = \sqrt{3^2} \times \sqrt{2} = 3\sqrt{2}$.

→ ***Attention :*** lorsqu'il s'agit de calculs sur des **expressions comportant des lettres**, on se souviendra qu'**un radicande doit toujours être positif.**

JE M'ENTRAÎNE...

exercice 3

Développer et simplifier les expressions suivantes :

a. $(1 + \sqrt{6})(\sqrt{2} + \sqrt{3})$. b. $(2 - \sqrt{6})(\sqrt{2} - \sqrt{3})$. c. $(\sqrt{2} + \sqrt{3})^2 + (\sqrt{6} - 1)^2$.

Solution p. 29

exercice 4

Déterminer la hauteur d'un triangle équilatéral de côté a.

Solution p. 30

exercice **5**

1 **Écrire** sous une forme aussi simple que possible :

a. $3 \times \sqrt{\frac{32}{7}} \times \sqrt{\frac{35}{2}}$.

b. $\sqrt{2}(\sqrt{50} - 2\sqrt{8})$.

2 Sans calculatrice, **prouver** que $\sqrt{12} + \sqrt{8}$ est le double de $\sqrt{3} + \sqrt{2}$.

Solution p. 30

Séance 3 PROBLÈMES DE SOMMES

JE RÉVISE...

Somme de racines carrées

→ ***Attention :*** la somme des racines carrées de deux nombres n'est pas égale à la racine carrée de la somme des nombres.

Exemple : $\sqrt{16} + \sqrt{9} = 4 + 3 = 7$ mais $\sqrt{16 + 9} = \sqrt{25} = 5$.

MÉTHODE

Pour ***simplifier l'écriture d'une somme de racines carrées :***

$\sqrt{A} + \sqrt{B} + \sqrt{C} + \ldots$

on cherche à obtenir des termes de la forme :

$a\sqrt{s} + b\sqrt{s} + c\sqrt{s} + \ldots$

qu'on pourra regrouper en : $(a + b + c)\sqrt{s}$.

Exemple : $\sqrt{3} + \sqrt{12} + \sqrt{75} = \sqrt{3} + 2\sqrt{3} + 5\sqrt{3}$
$= (1 + 2 + 5)\sqrt{3} = 8\sqrt{3}$.

Emploi des identités remarquables

L'utilisation des identités remarquables permet parfois de simplifier des écritures comportant des sommes.

Exemples : $(\sqrt{2} + 1)(\sqrt{2} - 1) = (\sqrt{2})^2 - 1 = 1$
$(\sqrt{2} + 1)^2 = (\sqrt{2})^2 + 2\sqrt{2} + 1 = 3 + 2\sqrt{2}$.

JE M'ENTRAÎNE...

exercice 6

Simplifier les expressions suivantes :

a. $\sqrt{12} - 3\sqrt{75} + \sqrt{3}$.   b. $\sqrt{5} - 2\sqrt{20} + \sqrt{45}$.   c. $\sqrt{7} + \sqrt{2}\sqrt{14} - \sqrt{3}\sqrt{21}$.

d. $\sqrt{28} - \sqrt{63} + 3\sqrt{7}$.   e. $\sqrt{75} + 2\sqrt{147} - 9\sqrt{48}$.   f. $\sqrt{36} - 3\sqrt{72} + 2\sqrt{98}$.

Solution p. 30

exercice 7

1 **Écrire** sous la forme $a + b\sqrt{2}$, où a et b sont des entiers, la somme suivante : $\sqrt{72} + \sqrt{64} - \sqrt{18} - 1$.

2 **Écrire** sous la forme $a\sqrt{b}$, où a et b sont des entiers, les sommes suivantes :

$A = 3\sqrt{20} - \sqrt{5} + \sqrt{45}$. $B = \sqrt{3} - 5\sqrt{12} + \sqrt{300}$.

Solution p. 31

séance 4 FRACTIONS COMPORTANT DES RADICAUX

JE RÉVISE...

Radicaux en dénominateur

Il est d'usage d'éviter de laisser une fraction avec un dénominateur comportant des radicaux. Pour cela, on multiplie le numérateur et le dénominateur par une expression bien choisie, de sorte que le nouveau dénominateur ne comporte plus de radical.

Exemples :

Si le dénominateur est $\sqrt{2} + 1$, on choisira de multiplier le dénominateur et le numérateur par $\sqrt{2} - 1$.

Si le dénominateur est $\sqrt{2} - 5$, on choisira de multiplier le dénominateur et le numérateur par $\sqrt{2} + 5$.

Rappel d'arithmétique

Si A est un entier pair, il peut s'écrire $2a$, le nombre a étant entier.

Si A est un entier impair, il peut s'écrire $2a + 1$, le nombre a étant entier.

En élevant aux carrés, on en déduit :
$(2a)^2 = 4a^2$
$(2a + 1)^2 = 4a^2 + 4a + 1$
et on retrouve une propriété familière des carrés :
– le carré d'un entier pair est pair ;
– le carré d'un entier impair est impair.

JE M'ENTRAÎNE...

exercice 8

1 **Calculer** le produit $(\sqrt{3} + \sqrt{2})(\sqrt{3} - \sqrt{2})$.

En déduire une écriture simplifiée des fractions suivantes :

a. $\dfrac{1}{\sqrt{3} + \sqrt{2}}$. **b.** $\dfrac{\sqrt{2} - \sqrt{3}}{\sqrt{2} + \sqrt{3}}$. **c.** $\dfrac{\sqrt{2}}{\sqrt{3} - \sqrt{2}}$.

2 **Calculer** le produit $(\sqrt{3} + 1)\ (\sqrt{3} - 1)$.

En déduire une écriture simplifiée des fractions suivantes :

a. $\dfrac{1}{\sqrt{3} + 1}$. **b.** $\dfrac{\sqrt{3}}{\sqrt{3} - 1}$. **c.** $\dfrac{4 - 2\sqrt{3}}{1 + \sqrt{3}}$.

Solution p. 31

exercice 9

On se propose de déterminer les couples $(p ; q)$ de nombres entiers tels que $\dfrac{p}{q} = \sqrt{2}$.

1 Expliquer pourquoi on peut se contenter de rechercher les couples d'entiers qui ne soient pas tous les deux pairs.

2 Si $(p ; q)$ est un couple répondant à la question, alors p^2 est pair. Pourquoi ? Et p est pair. Pourquoi ?

3 Déduire de la question précédente que q^2 est pair, puisque q est pair.

4 Pourquoi ces calculs prouvent-ils qu'il n'existe aucun couple d'entiers $(p ; q)$ tels que $\dfrac{p}{q} = \sqrt{2}$?

Solution p. 32

pour faire le point

Chercher les exercices sans connaître son cours, c'est perdre son temps. L'auto-test vous aide à faire le point sur vos connaissances : répondre « vrai » ou « faux » à chaque affirmation, puis se reporter aux solutions p. 222.

Auto-test

1. La racine carrée d'un nombre positif est un nombre positif. (→ séance 1)

2. Le nombre $\frac{2}{\sqrt{3}}$ peut s'écrire aussi $\frac{3\sqrt{2}}{2}$. (→ séance 1)

3. Pour tous nombres a et b, $\sqrt{ab} = \sqrt{a} \times \sqrt{b}$. (→ séance 2)

4. Pour tout nombre $a \geqslant 0$, $(\sqrt{a})^2 = a$. (→ séance 1)

5. Pour tout nombre a, $\sqrt{a^2} = a$. (→ séance 1)

6. Pour tous nombres a et b strictement positifs, $\sqrt{\frac{a}{b}} = \frac{\sqrt{a}}{\sqrt{b}}$. (→ séance 2)

7. $\sqrt{45} = 3\sqrt{5}$. (→ séance 2)

8. $\sqrt{3} + \sqrt{2} = \sqrt{5}$. (→ séance 3)

9. L'équation $x^2 = -9$ admet les nombres 3 et -3 pour solutions. (→ séance 1)

10. Une racine carrée n'est jamais nulle. (→ séance 1)

Réponses p. 222

SOLUTIONS DES *exercices*

solution 1

a. $x^2 = 4$: solutions **+ 2** et **– 2**.

b. $x^2 = -1$: **pas de solution.**

c. $x^2 = \left(\frac{3}{4}\right)^2$: solutions $-\mathbf{\frac{3}{4}}$ et $+\mathbf{\frac{3}{4}}$.

d. $x^2 = \left(-\frac{3}{4}\right)^2$: solutions $-\mathbf{\frac{3}{4}}$ et $+\mathbf{\frac{3}{4}}$.

e. $x^2 = \frac{4}{9}$: solutions $+\mathbf{\frac{2}{3}}$ et $-\mathbf{\frac{2}{3}}$.

f. $x^2 = -\frac{9}{16}$: **pas de solution.**

g. $\sqrt{x} = 3$: cette écriture équivaut à $x = 3^2$, soit $\boldsymbol{x = 9}$.

h. $\sqrt{x} = -3$: **pas de solution.**

i. $\sqrt{x^2} = 2$: cette écriture équivaut à $x^2 = 4$. Deux solutions : **+ 2** et **– 2**.

solution 2

1 a. $(\sqrt{2} + 1)^2 = (\sqrt{2})^2 + 2\sqrt{2} + 1 = 2 + 2\sqrt{2} + 1 = \mathbf{3 + 2\sqrt{2}}$.

b. $(\sqrt{2} - 1)^2 = (\sqrt{2})^2 - 2\sqrt{2} + 1 = 2 - 2\sqrt{2} + 1 = \mathbf{3 - 2\sqrt{2}}$.

c. $(1 - \sqrt{2})^2 = 1 - 2\sqrt{2} + (\sqrt{2})^2 = \mathbf{3 - 2\sqrt{2}}$.

→ ***Remarque*** : *on aurait pu observer aussi que* $(\sqrt{2} - 1)$ *et* $(1 - \sqrt{2})$ *sont des nombres opposés, et qu'ils ont donc même carré.*

2 a. On déduit de la question précédente que $3 + 2\sqrt{2}$ est le carré du nombre positif $1 + \sqrt{2}$; cela signifie que : $\mathbf{\sqrt{3 + 2\sqrt{2}} = 1 + \sqrt{2}}$.

b. De même, $3 - \sqrt{2}$ est le carré des nombres $(\sqrt{2} - 1)$ et $(1 - \sqrt{2})$. De ces deux nombres opposés, le premier est positif (valeur approchée : 0,41) ; par conséquent, c'est lui qui est la racine carrée de $3 - 2\sqrt{2}$:

$$\mathbf{\sqrt{3 - 2\sqrt{2}} = \sqrt{2} - 1}.$$

solution 3

a. $(1 + \sqrt{6})(\sqrt{2} + \sqrt{3}) = \sqrt{2} + \sqrt{3} + \sqrt{2}\sqrt{6} + \sqrt{3}\sqrt{6}$
$= \sqrt{2} + \sqrt{3} + 2\sqrt{3} + 3\sqrt{2} = \mathbf{4\sqrt{2} + 3\sqrt{3}}$.

b. $(2 - \sqrt{6})(\sqrt{2} - \sqrt{3}) = 2\sqrt{2} - 2\sqrt{3} - \sqrt{6}\sqrt{2} + \sqrt{6}\sqrt{3}$
$= 2\sqrt{2} - 2\sqrt{3} - 2\sqrt{3} + 3\sqrt{2} = \mathbf{5\sqrt{2} - 4\sqrt{3}}$.

c. $(\sqrt{2} + \sqrt{3})^2 = (\sqrt{2})^2 + 2\sqrt{2}\sqrt{3} + (\sqrt{3})^2 = 2 + 2\sqrt{2}\sqrt{3} + 3 = 5 + 2\sqrt{6}$
$(\sqrt{6} - 1)^2 = (\sqrt{6})^2 - 2\sqrt{6} + 1 = 7 - 2\sqrt{6}$.

L'expression donnée s'écrit donc :
$5 + 2\sqrt{6} + 7 - 2\sqrt{6} = \mathbf{12}$.

solution 4

$$CH^2 = CA^2 - AH^2 = a^2 - \left(\frac{1}{2}a\right)^2$$

$$= \frac{3}{4}a^2 \times CH = \sqrt{\frac{3}{4}a^2} = \boldsymbol{a\frac{\sqrt{3}}{2}}.$$

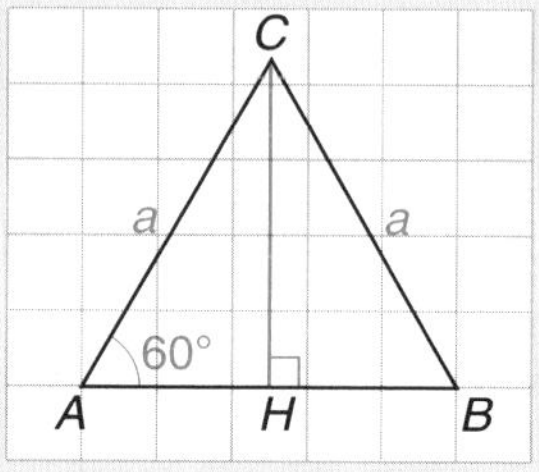

solution 5

1 a. $\sqrt{\frac{32}{7}} \times \sqrt{\frac{35}{2}} = \sqrt{\frac{32 \times 35}{7 \times 2}} = \sqrt{16 \times 5} = 4\sqrt{5}.$

Par suite : $3 \times \sqrt{\frac{32}{7}} \times \sqrt{\frac{35}{2}} = \mathbf{12\sqrt{5}}.$

b. $\sqrt{2}(\sqrt{50} - 2\sqrt{8}) = \sqrt{2}\sqrt{50} - 2\sqrt{2}\sqrt{8} = \sqrt{100} - 2\sqrt{16} = 10 - 2 \times 4 = \mathbf{2}.$

2 $\sqrt{12} = \sqrt{4 \times 3} = \sqrt{4}\sqrt{3} = 2\sqrt{3}$

$\sqrt{8} = \sqrt{4 \times 2} = \sqrt{4}\sqrt{2} = 2\sqrt{2}.$

Par conséquent : $\sqrt{12} + \sqrt{8} = 2\sqrt{3} + 2\sqrt{2} = \mathbf{2(\sqrt{3} + \sqrt{2})}.$

solution 6

a. $\sqrt{12} = \sqrt{4 \times 3} = 2\sqrt{3}$ et $\sqrt{75} = \sqrt{25 \times 3} = 5\sqrt{3}$

d'où : $\sqrt{12} - 3\sqrt{75} + \sqrt{3} = 2\sqrt{3} - 15\sqrt{3} + \sqrt{3} = \mathbf{-12\sqrt{3}}.$

b. $\sqrt{20} = \sqrt{4 \times 5} = 2\sqrt{5}$ et $\sqrt{45} = \sqrt{9 \times 5} = 3\sqrt{5}$

d'où : $\sqrt{5} - 2\sqrt{20} + \sqrt{45} = \sqrt{5} - 4\sqrt{5} + 3\sqrt{5} = \mathbf{0}.$

c. $\sqrt{14} = \sqrt{2 \times 7} = \sqrt{2}\sqrt{7}$, d'où : $\sqrt{2}\sqrt{14} = \sqrt{2}\sqrt{2}\sqrt{7} = 2\sqrt{7}$

de même : $\sqrt{3}\sqrt{21} = \sqrt{3}\sqrt{3}\sqrt{7} = 3\sqrt{7}$,

et par suite, $\sqrt{7} + \sqrt{2}\sqrt{14} - \sqrt{3}\sqrt{21} = (1 + 2 - 3)\sqrt{7} = \mathbf{0}.$

d. $\sqrt{28} = \sqrt{4 \times 7} = 2\sqrt{7}$, et $\sqrt{63} = \sqrt{9 \times 7} = \sqrt{9}\sqrt{7} = 3\sqrt{7}$

par suite, $\sqrt{28} - \sqrt{63} + 3\sqrt{7} = (2 - 3 + 3)\sqrt{7} = \mathbf{2\sqrt{7}}.$

e. $\sqrt{75} = 5\sqrt{3}$, $\sqrt{147} = 7\sqrt{3}$, $\sqrt{48} = 4\sqrt{3}$

$\sqrt{75} + 2\sqrt{147} - 9\sqrt{48} = \mathbf{-17\sqrt{3}}.$

f. $\sqrt{36} = 6$, $\sqrt{72} = 6\sqrt{2}$, $\sqrt{98} = 7\sqrt{2}$

$\sqrt{36} - 3\sqrt{72} + 2\sqrt{98} = \mathbf{6 - 4\sqrt{2}}.$

solution 7

1 $\sqrt{72} = \sqrt{36 \times 2} = 6\sqrt{2}$

$\sqrt{64} = 8$

$\sqrt{18} = \sqrt{9 \times 2} = 3\sqrt{2}$.

Par conséquent :

$\sqrt{72} + \sqrt{64} - \sqrt{18} - 1 = 6\sqrt{2} + 8 - 3\sqrt{2} - 1 = \mathbf{7 + 3\sqrt{2}}$.

2 $\sqrt{20} = \sqrt{4 \times 5} = 2\sqrt{5}$

$\sqrt{45} = \sqrt{9 \times 5} = 3\sqrt{5}$.

Par conséquent :

$A = 3\sqrt{20} - \sqrt{5} + \sqrt{45} = 6\sqrt{5} - \sqrt{5} + 3\sqrt{5} = \mathbf{8\sqrt{5}}$.

De même :

$\sqrt{12} = \sqrt{4 \times 3} = 2\sqrt{3}$

$\sqrt{300} = \sqrt{100 \times 3} = 10\sqrt{3}$

et par conséquent :

$B = \sqrt{3} - 5\sqrt{12} + \sqrt{300} = \sqrt{3} - 10\sqrt{3} + 10\sqrt{3} = \mathbf{\sqrt{3}}$.

solution 8

1 $(\sqrt{3} + \sqrt{2})(\sqrt{3} - \sqrt{2}) = (\sqrt{3})^2 - (\sqrt{2})^2 = 3 - 2 = 1$.

On en déduit :

a. $\dfrac{1}{\sqrt{3} + \sqrt{2}} = \dfrac{\sqrt{3} - \sqrt{2}}{1} = \sqrt{3} - \sqrt{2}$.

b. $\dfrac{\sqrt{2} - \sqrt{3}}{\sqrt{3} + \sqrt{2}} = -\dfrac{(\sqrt{3} - \sqrt{2})^2}{-1} = 2\sqrt{6} - 5$.

c. $\dfrac{\sqrt{2}}{\sqrt{3} - \sqrt{2}} = \dfrac{\sqrt{2}(\sqrt{3} + \sqrt{2})}{1} = \sqrt{6} + 2$.

2 $(\sqrt{3} + 1)(\sqrt{3} - 1) = (\sqrt{3})^2 - 1 = 2$.

On en déduit :

a. $\dfrac{1}{\sqrt{3} + 1} = \dfrac{\sqrt{3} - 1}{2}$.

b. $\dfrac{\sqrt{3}}{\sqrt{3} - 1} = \dfrac{\sqrt{3}(\sqrt{3} + 1)}{2} = \dfrac{3 + \sqrt{3}}{2}$.

c. $\dfrac{4 - 2\sqrt{3}}{1 + \sqrt{3}} = \dfrac{(4 - 2\sqrt{3})(\sqrt{3} - 1)}{2} = 3\sqrt{3} - 5$.

solution 9

1 Si on disposait d'un couple de nombres pairs (p ; q) tels que la fraction p/q ait la propriété demandée, il suffirait de simplifier cette fraction par 2 (et de répéter la simplification aussi longtemps qu'elle est possible, c'est à dire aussi longtemps qu'on obtient un numérateur et un dénominateur pairs) : on obtiendrait une fraction dont les termes ne sont pas tous les deux pairs.
Il convient donc de rechercher de telles fractions, et on pourra toujours, si l'envie nous en prend, multiplier ses deux termes par 2, ou par 4…

2 Si (p ; q) est un couple tel que $\frac{p}{q} = \sqrt{2}$,
on en déduit $p = q\sqrt{2}$ puis $p^2 = 2q^2$.
Il en résulte que p^2 est pair.
D'après le calcul rappelé p. 27, il est donc exclu que p soit impair car son carré serait aussi impair.
Par conséquent, p est pair.

3 Puisque p est pair, il existe un entier h tel que $p = 2h$. Donc :
$4h^2 = p^2 = 2q^2$ et $q^2 = 2h^2$.
Cela montre que q^2 est pair, et, comme à la question précédente, que q est pair.

4 S'il existait un couple d'entiers (p ; q) tels que $\frac{p}{q} = \sqrt{2}$, on aurait prouvé :
– que p et q ne sont pas pairs tous les deux (question 1) ;
– que p et q sont pairs tous les deux (questions 2 et 3).
C'est naturellement impossible.

CHAPITRE

3

Calculs algébriques

On a déjà largement utilisé en 4e les nombres relatifs. Il s'agit ici de revoir rapidement les règles à connaître, et en particulier celles qui concernent les conventions de priorité et l'usage de parenthèses.
D'autre part, en 3e, l'usage d'écritures littérales ne doit plus poser de problèmes. Ainsi, développement de produits ou factorisation de sommes deviennent des pratiques courantes, qui reposent sur les fameuses « identités remarquables », clés de nombreux problèmes d'examen.

Sommaire

Prévoir, pour la quinzaine à venir, quatre séances de travail d'environ une demi-heure, et les inscrire dans votre agenda.

séance 1 PRIORITÉS ET PARENTHÈSES

JE RÉVISE...

Priorités en l'absence de parenthèses

Dans une suite de calculs, en l'absence de parenthèses, on applique les conventions suivantes :

> Les élévations à une **puissance** sont prioritaires sur toute autre opération.
>
> Les **multiplications et divisions** sont prioritaires sur les **additions et soustractions**.

→ ***Remarque*** : les opérations de même niveau de priorité s'effectuent de gauche à droite.

Exemple :

$A = 4{,}1 + 3{,}9 - 2{,}5 \times 0{,}4 + 8 : 0{,}4^2 \times 0{,}5$

Élévation au carré

Multiplications et divisions, de gauche à droite

Additions et soustractions, de gauche à droite

Résultat A = 32.

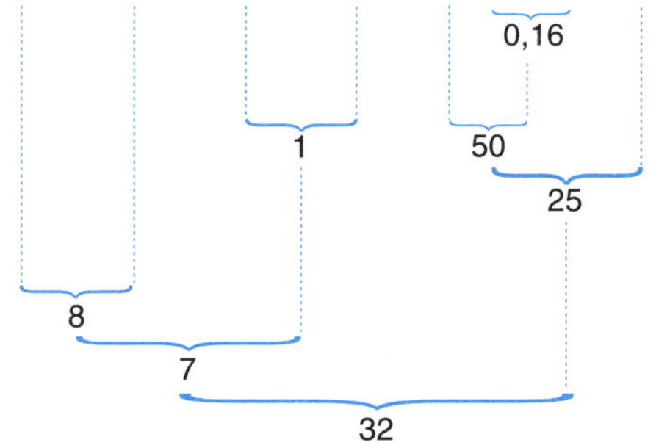

Priorités dues aux parenthèses

Les parenthèses servent à indiquer une priorité différente de celles rappelées ci-dessus :

> Les opérations indiquées **à l'intérieur de parenthèses** sont à effectuer **en priorité**.

→ ***Remarque*** : il peut y avoir plusieurs niveaux de parenthèses emboîtées ; dans ce cas, on considère en priorité les parenthèses « **les plus intérieures** ».

Exemple :

$B = 6{,}7 - (5{,}3 - (9{,}1 + 0{,}5)) = 11$

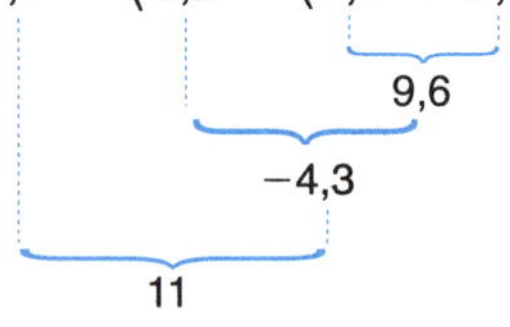

Règle de suppression des parenthèses

Pour une suite **d'additions et de soustractions :**

– des parenthèses précédées du **signe +** peuvent être **supprimées** ;

– des parenthèses précédées du **signe –** peuvent être **supprimées**, à condition de **remplacer**, à l'intérieur de la parenthèse, **chaque nombre par son opposé**.

Exemple : reprenons le nombre B déjà calculé plus haut :

$B = 6,7 - (5,3 - (9,1 + 0,5))$

$= 6,7 - (5,3 - 9,1 - 0,5)$ — *Suppression des parenthèses intérieures*

$= 6,7 - 5,3 + 9,1 + 0,5$ — *Suppression des parenthèses restantes*

$= 11.$ — *Fin du calcul*

JE M'ENTRAÎNE...

exercice 1

Calculer les sommes suivantes :

a. $(+7) + (-1) + (-5)$.

b. $(-1,1) + (-7) + (+3,1)$.

c. $(+0,13) + (-1,73) + (-3,1)$.

d. $(-7,73) + (+1,31) + (-7,16) + (+3,75)$.

Solution p. 43

exercice 2

On donne les nombres : $a = -5,5$ $b = 7,1$ $c = -7,5$

Calculer les expressions suivantes :

a. $a + b + c$.

b. $a - b + c$.

c. $a - b - c$.

d. $a + (b + c)$.

e. $a - (b + c)$.

f. $a + (b - (b + c))$.

g. $a - (b - (a - b - (a + b)))$.

(On a le droit de ne pas effectuer certains calculs si on reconnaît un calcul déjà fait ou si on veut simplifier avant de calculer.)

Solution p. 43

exercice 3

1 **Simplifier** les sommes S et T suivantes, dans lesquelles les lettres a et b représentent des nombres relatifs :

$S = a - (a - (a - (a - (a - (b - a)))))$.

$T = a + (a + (b - a) + (a - b)) + b$.

2 **Contrôler** les calculs en remplaçant, dans l'expression donnée et dans le résultat trouvé, a par 6 et b par 1.

Solution p. 43

séance 2 LES FRACTIONS

JE RÉVISE...

On a vu en 4e que les mêmes règles s'appliquent aux fractions (numérateur et dénominateur entiers) et aux écritures fractionnaires (numérateur et dénominateur décimaux). Par souci de simplicité, on parlera ici seulement de fractions.

Définition

La **fraction** $\frac{a}{b}$ représente le **quotient de *a* par *b*.**

a est le **numérateur** de la fraction.

b est le **dénominateur** de la fraction ; il ne peut pas être nul ($b \neq 0$).

Fractions égales

Si on **multiplie** le numérateur et le dénominateur d'une fraction par **un même nombre non nul** *k*, on obtient une fraction **égale :**

$$\frac{a}{b} = \frac{ka}{kb}.$$

Cette propriété permet de retrouver la **« règle des produits en croix » :**

$$\text{si } \frac{a}{b} = \frac{c}{d} \quad \text{alors} \quad \frac{ad}{bd} = \frac{bc}{bd}.$$

Comme ces fractions ont même dénominateur, elles ont aussi même numérateur et donc $ad = bc$. D'où la règle :

Des fractions $\frac{a}{b}$ et $\frac{c}{d}$ sont égales lorsque les produits *ad* et *bc* sont égaux :

$$\frac{a}{b} = \frac{c}{d} \text{ équivaut à } ad = bc.$$

On exprime parfois cette propriété en disant que **« le produit des extrêmes est égal au produit des moyens ».**

→ ***Remarque :*** lorsque des fractions $\frac{a}{b}$ *et* $\frac{c}{d}$ sont égales, on dit que les nombres *a*, *b*, *c*, *d* forment **une proportion**.

Somme de fractions

La somme de fraction de **même dénominateur** est la fraction de même dénominateur dont le numérateur est **la somme des numérateurs :**

$$\frac{a}{d}+\frac{b}{d}=\frac{a+b}{d}.$$

→ *Attention :* lorsque les fractions n'ont pas le même dénominateur, **il faut d'abord les « réduire » au même dénominateur** avant d'appliquer la règle ci-dessus.

Produit de fractions

Le produit de deux fractions est la fraction dont le numérateur est **le produit des numérateurs** et dont le dénominateur est **le produit des dénominateurs :**

$$\frac{a}{b}\times\frac{c}{d}=\frac{ac}{bd}.$$

Inverse d'une fraction

On obtient l'inverse d'une fraction non nulle en **échangeant son numérateur et son dénominateur :**

$$\text{si } a \neq 0, \text{ alors } \frac{1}{\frac{a}{b}}=\frac{b}{a}.$$

Quotient de fractions

La règle ci-dessus permet de calculer le quotient d'une fraction par une autre, puisque **diviser par un nombre non nul, c'est multiplier par l'inverse de ce nombre.**

Ainsi : $\dfrac{\frac{a}{b}}{\frac{c}{d}}=\dfrac{a}{b}\times\dfrac{1}{\frac{c}{d}}=\dfrac{a}{b}\times\dfrac{d}{c}=\dfrac{ad}{bc}$.

Le quotient de deux fractions s'obtient en **multipliant** la première **par l'inverse** de la seconde.

$$\frac{\frac{a}{b}}{\frac{c}{d}}=\frac{a}{b}\times\frac{d}{c}$$

JE M'ENTRAÎNE...

exercice 4

Calculer les quotients suivants :

a. $\dfrac{\left(-\frac{1}{4}\right)\left(\frac{2}{3}\right)+\frac{5}{8}}{\left(-\frac{1}{2}\right)\left(\frac{2}{3}\right)-\frac{4}{3}}$.

b. $\dfrac{\frac{2}{3}+\frac{3}{4}}{\frac{2}{3}-\frac{3}{4}}-\dfrac{\frac{2}{3}-\frac{3}{4}}{\frac{2}{3}+\frac{3}{4}}$.

c. $\dfrac{\left(-\frac{1}{3}\right)(-3)+\left(\frac{1}{4}\right)(-4)}{\left(-\frac{2}{3}\right)\left(-\frac{1}{2}\right)\left(-\frac{3}{2}\right)}$.

Solution p. 44

exercice 5

1 **Compléter** les égalités suivantes :

a. $\dfrac{1}{2}=\dfrac{3}{\dots}$.

b. $\dfrac{1}{-1}=\dfrac{\dots}{2}$.

2 **Déterminer** le nombre x en sorte que l'égalité suivante soit vérifiée : $\dfrac{3}{x}=\dfrac{x}{27}$.

Solution p. 44

séance 3 IDENTITÉS REMARQUABLES

JE RÉVISE...

Les formules à connaître

Les **identités remarquables** (ou **égalités remarquables**) se retrouvent rapidement par le calcul ; mais elles sont d'un usage si courant qu'elles doivent être connues **par cœur** :

$$(a+b)^2 = a^2+2ab+b^2 \qquad (a-b)^2 = a^2-2ab+b^2$$

$$(a+b)(a-b) = a^2-b^2.$$

Dans les développements de $(a + b)^2$ et de $(a - b)^2$, le terme $2ab$ est appelé le **double produit**.

Illustration géométrique : on retrouve, par exemple, la formule :

$(a + b)^2 = a^2 + b^2 + 2ab.$

- $(a+b)^2$ → *aire du carré de côté (a + b)*
- a^2 → *aire du carré de côté a*
- b^2 → *aire du carré de côté b*
- $2ab$ → *aires des rectangles de côtés a et b*

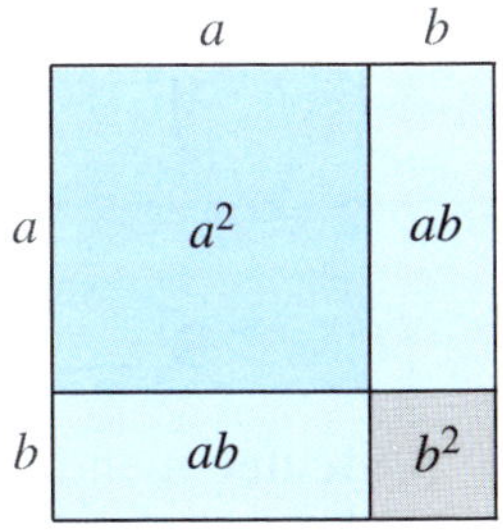

Application au calcul littéral

→ ***Pour développer un produit ou un carré*** (c'est-à-dire l'exprimer comme une somme) : on lit les formules « de gauche à droite ».

Exemple : $(2x - 3)^2 = (2x)^2 - 2 \times 2x \times 3 + 3^2 = 4x^2 - 12x + 9.$

→ ***Pour factoriser une somme*** (c'est-à-dire l'exprimer comme un produit) : on lit les formules « de droite à gauche ».

Exemple 1 : $x^2 + 6x + 9 = x^2 + 2 \times 3 \times x + 3^2 = (x + 3)^2.$

Exemple 2 : $x^2 - 4 = x^2 - 2^2 = (x - 2)(x + 2).$

Application au calcul mental

Les identités remarquables permettent d'effectuer « de tête » certains calculs.

Exemple : calculer 99^2 *en utilisant* $(a - b)^2 = a^2 - 2ab + b^2.$

$99^2 = (100 - 1)^2 = 100^2 - 2 \times 100 + 1 = 10\,000 - 200 + 1 = 9\,801.$

Sans l'usage de cette formule, le calcul mental de 99^2 est pratiquement impossible. Grâce à elle, vous pouvez battre de vitesse la calculatrice !

JE M'ENTRAÎNE...

exercice 6

Développer les produits suivants :

a. $(a - 1)^2.$ **b.** $(2 - b)^2.$

c. $\left(a + \frac{1}{2}\right)^2.$ **d.** $\left(a - \frac{1}{2}b\right)^2.$

Solution p. 45

exercice 7

Développer les produits suivants :

a. $\left(\frac{3}{2}x-5\right)^2$. b. $\left(\frac{-x}{3}-3\right)^2$. c. $(3-2x)^2$. d. $(2x-5)(5+2x)$.

Solution p. 45

exercice 8

Calculer mentalement les produits suivants, en utilisant des identités remarquables :

a. 19×21. b. 101×99. c. 38×42. d. 21^2. e. 79^2.

Solution p. 45

séance 4 FACTORISATION

JE RÉVISE...

Comment factoriser ?

La factorisation d'une somme n'est pas toujours possible : si elle est demandée, c'est que l'exercice a été construit tout exprès. (À l'inverse, il est toujours possible de développer un produit.)

MÉTHODE

*Pour **factoriser une somme,** on peut tenter, dans cet ordre, de :*

1. Reconnaître un facteur commun déjà en évidence.
S'il existe, mettre ce terme en facteur et poursuivre le calcul sur l'autre facteur du produit ainsi obtenu.

2. Utiliser les identités remarquables.
Si aucun facteur commun ne semble en évidence, essayer de reconnaître :
– soit une différence de deux carrés : a^2-b^2 ;
– soit, grâce à un double produit, le développement d'un carré :

$$a^2+2ab+b^2 \quad \text{ou} \quad a^2-2ab+b^2.$$

3. Développer et réduire l'expression.
À faire seulement en cas d'échec des essais précédents : il est possible qu'après simplification, la mise en facteur devienne évidente.

Trois exemples de factorisation

Exemple 1 : $A = (x - 1)^2 + 3x - 3$.

Le facteur commun $x - 1$ est en évidence, puisque : $3x - 3 = 3(x - 1)$.

On écrit donc : $A = (x - 1)((x - 1) + 3)$

ou, en définitive : $A = (x - 1)(x + 2)$.

Exemple 2 : $B = (2x + 1)^2 - (4x - 3)^2$.

On n'observe aucun facteur commun en évidence, mais on reconnaît la différence de deux carrés, ce qui permet d'écrire :

$$B = ((2x + 1) + (4x - 3))((2x + 1) - (4x - 3))$$

$$B = (6x - 2)(-2x + 4).$$

On peut même « sortir » le facteur 2 de chacune des sommes : $B = 4(3x - 1)(-x + 2)$.

Exemple 3 : $C = (x - 2)(x + 1) - (x + 2)(x - 1)$.

On n'observe aucun facteur commun en évidence, pas plus qu'on ne reconnaît une des identités remarquables. En dernier recours, il ne reste qu'à développer, ce qui conduit à :

$$C = (x^2 - 2x + x - 2) - (x^2 + 2x - x - 2)$$

ou, après réduction et suppression des parenthèses :

$C = x^2 - x - 2 - x^2 - x + 2 = -2x$ ce qui est une forme factorisée !

JE M'ENTRAÎNE...

exercice 9

Reconnaître un produit ou un carré dans les sommes suivantes :

a. $a^2 + 4a + 4$. **b.** $16m^2 - 9p^2$. **c.** $x^2 - x + \frac{1}{4}$.

d. $(a + 1)^2 - 4$. **e.** $(b - 3)^2 - (a + 3)^2$. **f.** $4(x + 3)^2 - 9(x - 2)^2$.

Solution p. 45

exercice 10

Factoriser chacune des expressions suivantes (attention : pour certaines, une modification préalable de l'expression est nécessaire) :

a. $b^3 + 3b^2 - (4b + 12)$. **b.** $(a - 2)(4a^2 + 4a + 1) - (a - 2)^3$.

c. $(2a + 3)^2 + 4(2a + 3) + 4a^2 - 9$. **d.** $3(x - 1)^2 - x^2 + 1 + (x - 1)(x + 2)$.

Solution p. 46

pour faire le point

Chercher les exercices sans connaître son cours, c'est perdre son temps. L'auto-test vous aide à faire le point sur vos connaissances : répondre « vrai » ou « faux » à chaque affirmation, puis se reporter aux solutions p. 223.

Auto-test

1. Pour une suite d'additions et de soustractions, des parenthèses précédées du signe + peuvent être supprimées. (→ séance 1)

2. Pour $x = 2$, l'expression $4 \times x - 2 \times 3$ vaut 0. (→ séance 1)

3. Pour $x = 2$, l'expression $3x^2 - 5x$ vaut 2. (→ séance 1)

4. Des fractions $\frac{a}{b}$ et $\frac{c}{d}$ sont égales lorsque les produits ad et bc sont égaux. (→ séance 2)

5. Pour calculer la somme de deux fractions, on prend pour numérateur la somme des numérateurs et pour dénominateur la somme des dénominateurs. (→ séance 2)

6. Pour calculer le produit de deux fractions, on prend pour numérateur le produit des numérateurs et pour dénominateur le produit des dénominateurs. (→ séance 2)

7. Quels que soient les nombres a et b : $(a + b)^2 = a^2 + b^2 - 2ab$.(→ séance 3)

8. Quels que soient les nombres a et b : $a^2 + b^2 \geqslant 2ab$. (→ séance 4)

9. La somme $x^2 + 1$ peut être factorisée en $(x - 1)(x + 1)$. (→ séances 3 et 4)

10. Tout produit de facteurs peut être développé et mis sous la forme d'une somme. (→ séances 1 et 2)

Réponses p. 223

solution 1

a. $(+7) + (-1) + (-5) =$ **+ 1.** c. $(+0{,}13) + (-1{,}73) + (-3{,}1) =$ **– 4,7.**

b. $(-1{,}1) + (-7) + (+3{,}1) =$ **– 5.** d. $(-7{,}73) + (+1{,}31) + (-7{,}16) + (+3{,}75) =$ **– 9,83.**

solution 2

Avec $a = -5{,}5$ $b = 7{,}1$ $c = -7{,}5$, on trouve :

a. $a + b + c =$ **– 5,9.** b. $a - b + c =$ **– 20,1.** c. $a - b - c =$ **– 5,1.**

d. $a + (b + c) =$ **– 5,9** (calcul direct superflu puisque, quelles que soient les valeurs de a et b : $a + (b + c) = a + b + c$ et que cette somme a déjà été calculée).

e. $a - (b + c) =$ **– 5,1** (calcul direct superflu puisque, quelles que soient les valeurs de a et b : $a - (b + c) = a - b - c$ et que cette expression a déjà été calculée).

Pour les deux derniers calculs, il était plus simple de transformer d'abord l'expression :

f. $a + (b - (b + c)) = a + (b - b - c) = a - c$; on obtenait donc **+ 2.**

g. $a - (b - (a - b - (a + b))) = a - (b - (a - b - a - b)) = a - (b - (-2b)) = a - 3b$; on obtenait donc **– 26,8.**

solution 3

1 Deux méthodes sont possibles : commencer par supprimer ou bien les parenthèses les plus intérieures, ou bien les plus extérieures. On a adopté ici la première méthode :

$$
\begin{aligned}
S &= a - (a - (a - (a - (a - (b - a))))) \\
&= a - (a - (a - (a - (a - b + a)))) \\
&= a - (a - (a - (a - (2a - b)))) \\
&= a - (a - (a - (a - 2a + b))) \\
&= a - (a - (a - (-a + b))) \\
&= a - (a - (2a - b)) \\
&= a - (-a + b) = \mathbf{2a - b.}
\end{aligned}
$$

$$
\begin{aligned}
T &= a + (a + (b - a) + (a - b)) + b \\
&= a + (a + b - a + a - b) + b \\
&= a + a + b \\
&= \mathbf{2a + b.}
\end{aligned}
$$

2 On vérifie les calculs en remplaçant, dans l'expression donnée et dans le résultat, a par 6 et b par 1. On trouve :

Expression de départ : $S = 6 - (6 - (6 - (6 - (6 - (1 - 6)))))$

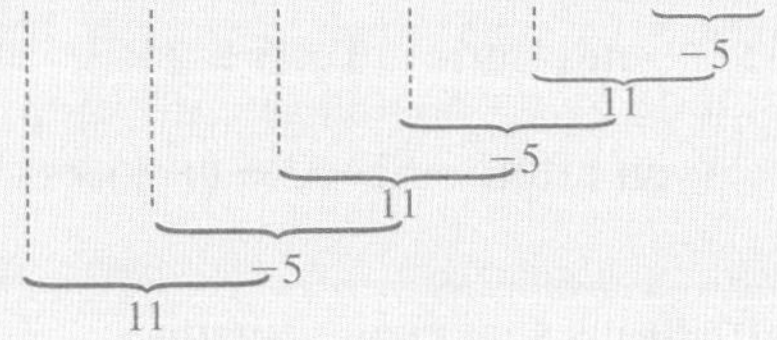

$S =$ **11.**

Résultat trouvé : $S = 2 \times 6 - 1 = \mathbf{11}.$

Expression de départ :

$$T = \underbrace{\underbrace{6 + [\underbrace{6 + \underbrace{\underbrace{(1-6)}_{-5} + \underbrace{(6-1)}_{5}}_{0}}_{6}]}_{12} + 1}_{13}$$

$$\boldsymbol{T = 13.}$$

Résultat trouvé : $T = 2 \times 6 + 1 = \mathbf{13}.$

➔ ***Remarque :*** *cela ne prouve pas que les calculs soient exacts, mais, si l'on avait trouvé des résultats différents, cela aurait montré l'existence d'une erreur.*

solution 4

a. $$\frac{\left(-\frac{1}{4}\right)\left(\frac{2}{3}\right)+\frac{5}{8}}{\left(-\frac{1}{2}\right)\left(\frac{2}{3}\right)-\frac{4}{3}} = \frac{\frac{-2}{12}+\frac{5}{8}}{-\frac{2}{6}-\frac{4}{3}} = \frac{-\frac{1}{6}+\frac{5}{8}}{-\frac{1}{3}-\frac{4}{3}} = \frac{-\frac{4}{24}+\frac{15}{24}}{\frac{-5}{3}} = \frac{11}{24}\times\left(-\frac{3}{5}\right)$$

$$= \frac{11}{8}\times\left(-\frac{1}{5}\right) = -\mathbf{\frac{11}{40}}.$$

b. $$\frac{\frac{2}{3}+\frac{3}{4}}{\frac{2}{3}-\frac{3}{4}} - \frac{\frac{2}{3}-\frac{3}{4}}{\frac{2}{3}+\frac{3}{4}} = \frac{\frac{8}{12}+\frac{9}{12}}{\frac{8}{12}-\frac{9}{12}} - \frac{\frac{8}{12}-\frac{9}{12}}{\frac{8}{12}+\frac{9}{12}} = -\frac{17}{1} - \frac{-1}{17} = -17 + \frac{1}{17} = -\mathbf{\frac{288}{17}}.$$

c. $$\frac{\left(-\frac{1}{3}\right)(-3)+\left(\frac{1}{4}\right)(-4)}{\left(-\frac{2}{3}\right)\left(-\frac{1}{2}\right)\left(-\frac{3}{2}\right)} = \frac{1-1}{\left(-\frac{2}{3}\right)\left(-\frac{1}{2}\right)\left(-\frac{3}{2}\right)} = \mathbf{0}.$$

solution 5

1 a. $\frac{1}{2} = \frac{3}{6}$: en effet, $1 \times 6 = 2 \times 3.$

b. $\frac{1}{-1} = \frac{-2}{2}$: en effet, $1 \times 2 = (-1) \times (-2).$

2 Les deux fractions sont égales lorsque : $3 \times 27 = x \times x$ c'est-à-dire $x^2 = 81.$
Les nombres $\boldsymbol{x = 9}$ et $\boldsymbol{x = -9}$ satisfont donc à la condition posée.

solution 6

a. $(a-1)^2 = \mathbf{a^2 - 2a + 1}$.

b. $(2-b)^2 = \mathbf{4 - 4b + b^2}$.

c. $\left(a+\frac{1}{2}\right)^2 = \mathbf{a^2 + a + \frac{1}{4}}$.

d. $\left(a-\frac{1}{2}b\right)^2 = \mathbf{a^2 - ab + \frac{1}{4}b^2}$.

solution 7

a. $\left(\frac{3}{2}x-5\right)^2 = \left(\frac{3}{2}x\right)^2 - 2\times\frac{3}{2}x\times 5 + 5^2 = \mathbf{\frac{9x^2}{4} - 15x + 25}$.

b. $\left(\frac{-x}{3}-3\right)^2 = \left(\frac{-x}{3}\right)^2 - 2\times\left(\frac{-x}{3}\right)\times 3 + 3^2 = \mathbf{\frac{x^2}{9} + 2x + 9}$.

c. $(3-2x)^2 = 3^2 - 2\times 3\times 2x + (2x)^2 = \mathbf{9 - 12x + 4x^2}$.

d. $(2x-5)(5+2x) = (2x-5)(2x+5) = \mathbf{4x^2 - 25}$.

solution 8

a. $19\times 21 = (20-1)(20+1) = 400 - 1 = \mathbf{399}$.

b. $101\times 99 = (100+1)(100-1) = 10\,000 - 1 = \mathbf{9\,999}$.

c. $38\times 42 = (40-2)(40+2) = 1\,600 - 4 = \mathbf{1\,596}$.

d. $21^2 = (20+1)^2 = 20^2 + 40 + 1 = \mathbf{441}$.

e. $79^2 = (80-1)^2 = 80^2 - 160 + 1 = 6\,400 - 160 + 1 = \mathbf{6\,241}$.

solution 9

a. $a^2 + 4a + 4 = \mathbf{(a+2)^2}$.

b. $16m^2 - 9p^2 = \mathbf{(4m - 3p)(4m + 3p)}$.

c. $x^2 - x + \frac{1}{4} = \mathbf{\left(x - \frac{1}{2}\right)^2}$.

d. $(a+1)^2 - 4 = (a+1)^2 - 2^2$
$= (a+1-2)(a+1+2)$
$= \mathbf{(a-1)(a+3)}$.

e. $(b-3)^2 - (a+3)^2 = (b-3+a+3)(b-3-a-3)$
$= \mathbf{(b+a)(b-a-6)}$.

f. $4(x+3)^2 - 9(x-2)^2 = (2(x+3))^2 - (3(x-2))^2$
$= (2(x+3) + 3(x-2))(2(x+3) - 3(x-2))$
$= \mathbf{5x(-x+12)}$.

solution 10

a. Puisque $b^3 + 3b^2 = b^2(b + 3)$ et $4b + 12 = 4(b + 3)$, il apparaît le facteur commun $b + 3$; l'expression donnée s'écrit alors :
$(b + 3)(b^2 - 4) = \mathbf{(b + 3)(b - 2)(b + 2)}$.

b. On reconnaît d'abord $4a^2 + 4a + 1 = (2a + 1)^2$, puis $a - 2$ étant visiblement facteur commun :
$(a - 2)\left((2a + 1)^2 - (a - 2)^2\right)$ et, en reconnaissant la différence de deux carrés :
$(a - 2)(2a + 1 + a - 2)(2a + 1 - a + 2) = \mathbf{(a - 2)(3a - 1)(a + 3)}$.

c. Puisque $4a^2 - 9 = (2a - 3)(2a + 3)$, le facteur commun est $2a + 3$.
L'expression donnée est donc égale à :
$(2a + 3)[(2a + 3) + 4 + (2a - 3)] = (2a + 3)(4a + 4) = \mathbf{4(2a + 3)(a + 1)}$.

d. Puisque $-x^2 + 1 = -(x^2 - 1) = -(x - 1)(x + 1)$, le terme $x - 1$ apparaît en facteur commun ; l'expression donnée s'écrit alors :
$(x - 1)\,3(x - 1) - (x + 1) + (x + 2) = \mathbf{(x - 1)(3x - 2)}$.

CHAPITRE 4

Les puissances

Les puissances ont déjà été rencontrées dans les classes antérieures ; elles constituent une façon commode d'écrire des multiplications répétées.
Il s'agit maintenant d'étudier diverses extensions de cette définition : puissances d'un nombre relatif, puissances d'exposant 1 ou 0, puissances d'exposants entiers négatifs.
Le maniement de la calculatrice apporte beaucoup, mais il ne se substitue pas à la réflexion et à la connaissance des règles de calcul.

Sommaire

Prévoir, pour la quinzaine à venir, quatre séances de travail d'environ une demi-heure, et les inscrire dans votre agenda.

séance 1

PUISSANCES ENTIÈRES D'UN NOMBRE RELATIF

JE RÉVISE...

Les puissances ont déjà été vues comme notation simplifiée pour des produits de facteurs.

Définition d'une puissance

n désigne un entier naturel au moins égal à 2.
On appelle **puissance n-ième** d'un nombre a le produit de n facteurs égaux à a.
La puissance n-ième de a est notée a^n :

$$a^n = \underbrace{a \times a \times \ldots \times a}_{n \text{ facteurs}}$$

Vocabulaire : n s'appelle **l'exposant** de a.
On dit que a a été **élevé** à la puissance n.
a^2 se prononce « a au carré » ;
a^3 se prononce « a au cube » ;
a^n se prononce « a puissance n ».

Exemples : $2^3 = 2 \times 2 \times 2 = 8$ $\quad 3^2 = 3 \times 3 = 9$
$(-1)^2 = (-1) \times (-1) = 1$ $\quad (-1)^3 = (-1) \times (-1) \times (-1) = -1$.

Signe d'une puissance

La « règle des signes » nous indique que :
– toute puissance d'un nombre positif est un nombre positif ;
– toute puissance **paire** d'un nombre négatif est un nombre positif ;
– toute puissance **impaire** d'un nombre négatif est un nombre négatif.

Exemples : $(-1)^{999} = -1$ $\quad (-2)^4 = 16$.

→ ***Attention :*** ne pas confondre $(-2)^4$ avec -2^4, qui est l'opposé de 2^4 et qui vaut donc -16.

Puissances d'exposant 0 ou 1

Parler d'un produit de n facteurs suppose que n soit au moins égal à 2. Des définitions nouvelles sont donc nécessaires pour un exposant égal à 0 ou à 1 :

> La puissance d'exposant 0 d'un nombre non nul est égale à 1 :
> $$a^0 = 1.$$
> La puissance d'exposant 1 d'un nombre est égale à ce nombre :
> $$a^1 = a.$$

Exemples : $1{,}24^1 = 1{,}24$ $\qquad$ $(-6{,}148)^0 = 1.$

→ ***Remarque :*** on ne définit pas 0^0.

Utilisation de la calculatrice

La touche [x^y] (ou [^]) des calculatrices permet de calculer directement une puissance d'un nombre positif.

> **MÉTHODE**
>
> *Pour calculer x^n :*
> *– on entre d'abord la valeur de x ;*
> *– on tape la touche [x^y] ou [^] ;*
> *– on entre la valeur de n ;*
> *– on tape la touche [=] (ou un autre signe d'opération si nécessaire).*

Exemples : 1,55 [x^y] 21 [=] *affichage :* 9930.3753

2,312 [x^y] 8 [=] *affichage :* 816.39933

→ ***Attention :*** pour $(-2)^3$, certaines calculatrices affichent un message d'erreur :

– 2 [x^y] 3 [=] *affichage :* ERROR

Une telle calculatrice « n'aime pas » calculer les puissances des nombres **négatifs** ! Il faut donc déterminer soi-même le signe du résultat (ici, le signe –), et demander seulement à la machine de calculer 2^3.

JE M'ENTRAÎNE...

exercice 1

Écrire les produits suivants comme un produit de facteurs identiques, puis comme la puissance d'un seul nombre (exposant à déterminer).

$2^2 \times 2^3$. $(-3)^4 \times (-3)^3$. $(-1{,}0507)^3 \times (-1{,}0507)^0$.

$(1{,}7507)^3 \times (1{,}7507)^1$. $(-1{,}3409)^1 \times (-1{,}3409)^1$. $(4{,}7561)^0 \times (4{,}7561)^1$.

Solution p. 58

exercice 2

Écrire les produits suivants comme un produit de facteurs identiques, puis comme la puissance d'un seul nombre (exposant à déterminer).

$(3^2)^2$. $[(-2)^2]^3$. $[(1{,}7)^4]^3$.

$[(-5)^2]^3$. $[(-1{,}4)^2]^1$. $[(-63{,}078)^0]^3$.

Solution p. 58

exercice 3

On dispose d'une grande feuille de papier, d'épaisseur 0,1 mm. On plie cette feuille en deux, puis encore en deux... et ainsi de suite dix fois.

Calculer l'épaisseur de l'objet obtenu.

Solution p. 58

séance 2 RÈGLES DE CALCUL SUR LES PUISSANCES

JE RÉVISE...

Produit de deux puissances d'un même nombre

Le produit de deux puissances d'un même nombre est la puissance de ce nombre dont l'exposant est **la somme des exposants** :

$$a^m \times a^n = a^{m+n}.$$

Exemple : $2^2 \times 2^3 = 2^5$ $(-3)^4 \times (-3)^3 = (-3)^7$

$3^2 \times 3^1 = 3^3$ $4^2 \times 4^0 = 4^2$.

Puissance d'un produit

La puissance n-ième d'un produit est égale au **produit des puissances** n-ième de ses facteurs :

$$(ab)^n = a^n b^n.$$

Exemples : $2^5 \times 3^5 = 6^5$ puisque $2 \times 3 = 6$.

$(-2)^4 \times (-1)^4 = 2^4$ puisque $(-2) \times (-1) = 2$.

$(1{,}25)^0 \times (-4)^0 = (-5)^0$ ici, les deux facteurs et le produit sont égaux à 1.

$(2a)^3 = 2^3 \times a^3 = 8 \times a^3$ (attention aux parenthèses : $2a^3 = 2 \times a^3$ et n'est pas égal à $(2a)^3$; on retrouve ainsi la règle de priorité de l'élévation à une puissance).

→ ***Attention :*** il n'existe pas de résultat analogue pour les puissances d'une somme.

Ainsi : $(1 + 2)^2 = 3^2 = 9$ et $1^2 + 2^2 = 1 + 4 = 5 \neq 9$.

→ ***Remarque :*** ne pas se précipiter sur sa calculatrice pour calculer un produit de puissances ; des simplifications peuvent apparaître.

Ainsi : $8^7 \times 0{,}125^7 = (8 \times 0{,}125)^7 = 1^7$, car $8 \times 0{,}125 = 1$.
Le résultat est donc 1, alors que certains modèles afficheraient 0, 999 999 9 !

Puissance d'une puissance

La puissance d'une puissance d'un nombre est la puissance de ce nombre dont l'exposant est le **produit des exposants :**

$$(a^m)^n = a^{m \times n}.$$

Exemples : $(3^2)^2 = 3^{2 \times 2} = 3^4$

$[(1{,}7)^4]^3 = (1{,}7)^{4 \times 3} = (1{,}7)^{12}$

$[(-2)^2]^3 = (-2)^{2 \times 3} = (-2)^6$

$[(-5{,}1)^2]^3 = (-5{,}1)^{2 \times 3} = (-5{,}1)^6$.

JE M'ENTRAÎNE...

exercice 4

a et b représentent des nombres relatifs. **Écrire** sous la forme la plus simple possible les produits suivants :

1 $(-2a)^2 \times (3ab)^3 \times (-0{,}5\,ba^2)^1$.

2 $(2ab^2)^3 \times (-ab)^1 \times (-7a^4b^5)^0$.

Solution p. 58

exercice 5

Calculer le plus simplement possible les produits suivants :

1 $\left(\frac{1}{13}\right)^{359} \times (13)^{361}$.　　**2** $(-0{,}75)^{12} \times \left(\frac{-4}{3}\right)^{13}$.

Solution p. 59

séance 3 PUISSANCES D'EXPOSANT NÉGATIF

JE RÉVISE...

Définition d'une puissance d'exposant négatif

n désigne un entier positif.
La puissance d'exposant $-n$ d'un nombre non nul est égale à **l'inverse** de la puissance d'exposant *n* de ce nombre :

$$a^{-n} = \frac{1}{a^n}.$$

Exemples : $3^{-2} = \frac{1}{32}$　　$(-3)^{-3} = \frac{1}{(-3)^3}$　　$(-2)^{-2} = \frac{1}{(-2)^2}$　　$5^{-1} = \frac{1}{5}$

(puisque, dans ce dernier exemple, 5^1 peut être écrit simplement 5).

→ ***Remarque :*** pour **l'inverse d'un nombre**, on emploie souvent la **notation x^{-1}** au lieu de $\frac{1}{x}$ (sur les calculatrices, la touche « inverse d'un nombre » est marquée, selon les modèles, `1/x` ou `x⁻¹`).

Règles de calcul

Les règles de calcul sur les puissances restent valables, même avec des exposants **négatifs**.

Puissance d'un produit : $(ab)^x = a^x b^x$.

Exemple : $(3 \times 2)^{-5} = 3^{-5} \times 2^{-5}$.

Produit de deux puissances d'un même nombre : $a^x a^y = a^{x+y}$.

Exemple : $6^3 \times 6^{-4} = 6^{3-4} = 6^{-1}$.

Puissance d'une puissance : $(a^x)^y = a^{xy}$

Exemple : $(5^2)^{-3} = 5^{2 \times (-3)} = 5^{-6}$.

Quotient de deux puissances d'un même nombre

Le quotient de deux puissances d'un même nombre non nul est la puissance de ce nombre dont l'exposant est la **différence des exposants** :

$$\frac{a^x}{a^y} = a^{x-y}.$$

Exemples : $\left(\frac{6^3}{6^4}\right) = 6^{3-4} = 6^{-1}$ $\qquad \frac{(-1{,}4)^{-3}}{(-1{,}4)^{-4}} = (-1{,}4)^{-3-(-4)} = -1{,}4.$

JE M'ENTRAÎNE...

exercice 6

Calculer le plus simplement possible les nombres suivants :

$(-2)^3 \times (-3)^{-4} \times 6^4$.

$5^3 \times (-3)^{-5} \times 15^5$.

$3^3 \times (-3)^{-3} \times 9^3$.

$\frac{(-1{,}789)^3 \times (-1{,}789)^{-4}}{(-1{,}789)^{-2}}$.

$\frac{0{,}12^5 \times (-0{,}12)^{-4} \times 0{,}12^2}{(-0{,}12)^3}$.

$10^7 \times (-10)^{-4} \times \left(\frac{1}{100}\right)^2$.

Solution p. 59

exercice 7

On note a et b deux nombres non nuls. **Simplifier** les expressions suivantes :

1. $\frac{a^2 \times b^{-1} \times (ab^{-3})}{a^4 b^{-3}}$.
2. $\frac{a^{-3} \times b^{-3} \times (ab^3)}{a^{-3} b^4}$.
3. $\frac{a^{-3} \times b^3 \times (ab)^{-3}}{a^4 b^{-4}}$.

Solution p. 60

séance 4 PUISSANCES DE 10. NOTATION SCIENTIFIQUE

JE RÉVISE...

Écriture des puissances de 10

n est un nombre positif.

Une puissance de 10 d'exposant *n* s'écrit avec un 1 suivi de *n* zéros :

$$\mathbf{10^n = 1\underbrace{00\ldots00}_{n \text{ zéros.}}}$$

Exemples : $10^2 = 100$ $10^3 = 1\,000$ $10^4 = 10\,000$.

→ ***Remarque :*** les puissances positives de 10 sont commodes pour écrire des nombres très grands : un nombre tel que 100 000 000 s'écrit simplement 10^8.

n est un nombre positif.

Une puissance de 10 d'exposant $-n$ s'écrit avec un 1 précédé de *n* zéros :

$$\mathbf{10^{-n} = \underbrace{0{,}00\ldots0}_{n \text{ zéros.}}01}$$

Exemples : $10^{-1} = \dfrac{1}{10^1} = 0{,}1$ $10^{-2} = \dfrac{1}{10^2} = 0{,}01$ $10^{-3} = \dfrac{1}{10^3} = 0{,}001$.

→ ***Remarque :*** les puissances négatives de 10 servent à écrire de façon simple des nombres très petits.

La notation scientifique

On appelle **notation scientifique** d'un nombre positif *x* son écriture comme le produit :

– d'un nombre compris entre 1 et 10 (10 exclu),

– et d'une puissance de 10 :

$$\boldsymbol{x = a \times 10^p}.$$

$1 \leqslant a < 10$; *p* entier positif ou négatif

Exemples : $124 = 1{,}24 \times 10^2$ $0{,}0043 = 4{,}3 \times 10^{-3}$ etc.

→ ***Remarque :*** la notation scientifique peut s'appliquer aussi à des nombres négatifs ; le facteur a est alors compris entre -10 (exclu) et -1.
Par exemple : $-0{,}000\,002\,3 = -2{,}3 \times 10^{-6}$.

→ ***Remarque :*** Il est superflu d'indiquer le facteur 10^0 ou l'exposant de 10^1.

Exemple : $2{,}8 \times 10^0$ est écrit 2,8 en notation scientifique ;
$3{,}1 \times 10^1$ est écrit $3{,}1 \times 10$ en notation scientifique.

Manipulation de la calculatrice

La touche [EE] (ou [EXP]) des calculatrices scientifiques permet d'afficher un nombre directement en notation scientifique.

> **MÉTHODE**
>
> *Pour afficher $x = a \times 10^p$ en notation scientifique :*
> *– on affiche d'abord la valeur de a ;*
> *– on tape la touche [EE] (ou [EXP]) ;*
> *– on entre la valeur de p.*

Exemple : 1,44 [EXP] 5 *affichage :* 1.44E5
ou : 1.44 5 (selon les modèles)

Ce qui signifie $1{,}44 \times 10^5$.

→ ***Attention :*** lorsque la capacité d'affichage est saturée (nombre de plus de 8 chiffres sur les modèles courants), une calculatrice affiche **automatiquement** un résultat en **notation scientifique**.

Exemple : 0,000 12 [x²] [=] *affichage :* 1.44 -08

On peut vérifier par le calcul :
$0{,}000\,12 = 1{,}2\ 10^{-4}$ donc $(0{,}000\,12)^2 = (1{,}2)^2 \times (10^{-4})^2 = 1{,}44 \times 10^{-8}$.

→ ***Remarque :*** certaines calculatrices passent automatiquement d'une notation à l'autre en fonction du résultat ; si on garde le résultat du calcul précédent et qu'on le multiplie par 1 000, l'affichage devient sur ces machines : 0.0000 144.

JE M'ENTRAÎNE...

exercice 8

Sans calculatrice, **écrire** en notation scientifique les nombres suivants :

1 450 12 600 000 54 2,8 0,12 0,001 0,000 086

Solution p. 60

exercice 9

La lumière parcourt 300 000 kilomètres par seconde. **Exprimer** en kilomètres, en notation scientifique, la distance qu'elle parcourt en une année (365 jours). Cette distance est appelée *année-lumière* ; on en donnera une valeur approchée avec trois chiffres.

Solution p. 60

pour faire le point

Chercher les exercices sans connaître son cours, c'est perdre son temps. L'auto-test vous aide à faire le point sur vos connaissances : répondre « vrai » ou « faux » à chaque affirmation, puis se reporter aux solutions p. 223.

Auto-test

1. La puissance d'exposant 4 du nombre $-6{,}91$ est un nombre positif. (→ séance 1)

2. Le nombre 0,00034 élevé à la puissance 0 donne pour valeur 1. (→ séance 1)

3. Quel que soit le nombre a, le nombre a^1 est égal à a (→ séance 1)

4. Le produit de deux puissances d'un même nombre est la puissance de ce nombre dont l'exposant est la somme des exposants. (→ séance 2)

5. La somme de deux puissances d'un même nombre est la puissance de ce nombre dont l'exposant est le produit des exposants. (→ séance 2)

6. Une puissance d'exposant négatif d'un nombre positif est un nombre négatif. (→ séance 3)

7. L'inverse d'un nombre non nul est une puissance de ce nombre. (→ séance 3)

8. Le quotient de deux puissances d'un même nombre est la puissance de ce nombre dont l'exposant est le quotient des exposants. (→ séance 3)

9. Toute puissance de 10 est supérieure à 10. (→ séance 4)

10. La notation scientifique du nombre 0,147 est $14{,}7.\ 10^{-2}$. (→ séance 4)

Réponses p. 223

SOLUTIONS DES *exercices*

solution 1

$2^2 \times 2^3 = 2 \times 2 \times 2 \times 2 \times 2 = \mathbf{2^5}$.

$(-3)^4 \times (-3)^3 = (-3) \times (-3) \times (-3) \times (-3) \times (-3) \times (-3) \times (-3) = \mathbf{(-3)^7}$.

$(-1{,}0507)^3 \times (-1{,}0507)^0 = (-1{,}0507)^3 \times 1 = \mathbf{(-1{,}0507)^3}$.

$(1{,}7507)^3 \times (1{,}7507)^1 = (1{,}7507) \times (1{,}7507) \times (1{,}7507) \times (1{,}7507) = \mathbf{(1{,}7507)^4}$.

$(-1{,}3409)^1 \times (-1{,}3409)^1 = (-1{,}3409) \times (-1{,}3409) = \mathbf{(-1{,}3409)^2}$.

$(4{,}7561)^0 \times (4{,}7561)^1 = 1 \times 4{,}7561 = 4{,}7561 = \mathbf{(4{,}7561)^1}$.

solution 2

$(3^2)^2 = (3^2) \times (3^2) = 3 \times 3 \times 3 \times 3 = \mathbf{3^4}$.

$[(-2)^2]^3 = (-2)^2 \times (-2)^2 \times (-2)^2$
$= (-2) \times (-2) \times (-2) \times (-2) \times (-2) \times (-2) = \mathbf{(-2)^6}$.

$[(1{,}7)^4]^3 = (1{,}7)^4 \times (1{,}7)^4 \times (1{,}7)^4$
$= 1{,}7 \times 1{,}7 \times 1{,}7 \times 1{,}7 \times 1{,}7 \times 1{,}7 \times 1{,}7 \times 1{,}7 \times 1{,}7 \times 1{,}7 \times 1{,}7 \times 1{,}7$
$= \mathbf{(1{,}7)^{12}}$.

$[(-5)^2]^3 = (-5)^2 \times (-5)^2 \times (-5)^2$
$= (-5) \times (-5) \times (-5) \times (-5) \times (-5) \times (-5) = \mathbf{(-5)^6}$.

$[(-1{,}4)^2]^1 = \mathbf{(-1{,}4)^2}$.

$[(-63{,}078)^0]^3 = 1^3 = 1 = \mathbf{(-63{,}078)^0}$.

solution 3

L'épaisseur de l'objet obtenu après 1 pliage est de $2^1 \times 0{,}1$ mm.
L'épaisseur de l'objet obtenu après 2 pliages est de $2 \times (2 \times 0{,}1)$ mm,
c'est-à-dire $2^2 \times 0{,}1$ mm.

...

L'épaisseur de l'objet obtenu après 10 pliages est de $2^{10} \times 0{,}1$ mm.
Cette épaisseur vaut $1\,024 \times 0{,}1 = 102{,}4$ mm ou **10,24 cm**.

solution 4

1 $(-2a)^2 \times (3ab)^3 \times (-0{,}5\,ba^2)^1 = (-2)^2 \times a^2 \times 3^3 \times a^3 \times b^3 \times (-0{,}5) \times b \times a^2$
$= -4 \times 27 \times 0{,}5 \times a^2 \times a^3 \times a^2 \times b^3 \times b$
$= \mathbf{-54a^7b^4}$.

2 $(2ab^2)^3 \times (-ab)^1 \times (-7a^4b^5)^0 = 2^3 \times a^3 \times b^6 \times (-a) \times b \times 1$

$= 8 \times a^3 \times (-a) \times b^6 \times b$

$= \mathbf{-8a^4b^7}$.

solution 5

1 $\left(\frac{1}{13}\right)^{359} \times (13)^{361} = \left(\frac{1}{13}\right)^{359} \times (13)^{359} \times (13)^2$

$= \left(\frac{1}{13} \times 13\right)^{359} \times 13^2$

$= 1^{359} \times 13^2 = 1 \times 169 = \mathbf{169}$.

2 On détermine d'abord le signe :

$(-0{,}75)^{12}$ est positif, car puissance paire d'un nombre négatif ;

$\left(\frac{-4}{3}\right)^{13}$ est négatif, car puissance impaire d'un nombre négatif.

Le produit de ces deux nombres est donc négatif.

$(-0{,}75)^{12} \times \left(\frac{-4}{3}\right)^{13} = -\left(\frac{3}{4}\right)^{12} \times \left(\frac{4}{3}\right)^{12} \times \left(\frac{4}{3}\right)^1$

$= -\left(\frac{3 \times 4}{4 \times 3}\right)^{12} \times \frac{4}{3} = -1^{12} \times \frac{4}{3} = \mathbf{\frac{-4}{3}}$.

solution 6

$(-2)^3 \times (-3)^{-4} \times 6^4 = (-2)^3 \times (-3)^{-4} \times (2^4 \times 3^4) = \mathbf{-2^7}$.

$5^3 \times (-3)^{-5} \times 15^5 = 5^3 \times (-3)^{-5} \times (3^5 \times 5^5) = \mathbf{-5^8}$.

$3^3 \times (-3)^{-3} \times 9^3 = (-1) \times 9^3 = \mathbf{-9^3}$.

$\frac{(-1{,}789)^3 \times (-1{,}789)^{-4}}{(-1{,}789)^{-2}} = (-1{,}789)^{3-4+2} = \mathbf{-1{,}789}$.

$\frac{0{,}12^5 \times (-0{,}12)^{-4} \times 0{,}12^2}{(-0{,}12)^3} = -(0{,}12)^{5-4+2-3}$

$= -(0{,}12)^0 = \mathbf{-1}$.

$10^7 \times (-10)^{-4} \times \left(\frac{1}{100}\right)^2 = 10^7 \times 10^{-4} \times 10^{-4}$

$= 10^{-1} = \mathbf{0{,}1}$.

SOLUTIONS DES *exercices*

solution 7

1. $\dfrac{a^2 \times b^{-1} \times (ab^{-3})}{a^4b^{-3}} = \dfrac{a^3b^{-4}}{a^4b^{-3}} = a^{-1}b^{-1}$, qu'on peut aussi écrire, si l'on préfère, $\mathbf{\dfrac{1}{ab}}$.

2. $\dfrac{a^{-3} \times b^{-3} \times (ab^3)}{a^{-3}b^4} = \dfrac{a^{-2}}{a^{-3}b^4} = ab^{-4}$, qu'on peut aussi écrire $\mathbf{\dfrac{a}{b^4}}$.

3. $\dfrac{a^{-3} \times b^3 \times (ab)^{-3}}{a^4b^{-4}} = \dfrac{a^{-6}}{a^4b^{-4}} = a^{-10}b^4$, qu'on peut aussi écrire $\mathbf{\dfrac{b^4}{a^{10}}}$.

solution 8

$1\,450 = \mathbf{1{,}45 \times 10^3}$.

$12\,600\,000 = \mathbf{1{,}26 \times 10^7}$.

$54 = \mathbf{5{,}4 \times 10}$.

$2{,}8 = \mathbf{2{,}8}$.

$0{,}12 = \mathbf{1{,}2 \times 10^{-1}}$.

$0{,}001 = \mathbf{1 \times 10^{-3}}$.

$0{,}000\,086 = \mathbf{8{,}6 \times 10^{-5}}$.

solution 9

La lumière parcourt (en km) :

en une seconde	3×10^5
en une minute	$60 \times 3 \times 10^5 = 1{,}8 \times 10^7$
en une heure	$60 \times 1{,}8 \times 10^7 = 1{,}08 \times 10^9$
en un jour	$24 \times 1{,}08 \times 10^9 = 2{,}592 \times 10^{10}$
en un an	$365 \times 2{,}592 \times 10^{10} = \mathbf{9{,}46 \times 10^{12}}$

Une année-lumière vaut donc $9{,}46.10^{12}$ km environ (plus de neuf mille milliards de kilomètres).

CHAPITRE

5

Équations et Systèmes d'équations

En classe de 4e ont été résolus des problèmes aboutissant à des équations ou à des inéquations du premier degré à une inconnue.
Il s'agit dans ce chapitre de systèmes de deux équations à deux inconnues. Nous utiliserons aussi les représentations graphiques, pour illustrer ou résoudre certains problèmes.

Sommaire

Prévoir, pour la quinzaine à venir, quatre séances de travail d'environ une demi-heure, et les inscrire dans votre agenda.

séance 1

ÉQUATIONS DU PREMIER DEGRÉ. ÉQUATIONS-PRODUITS

JE RÉVISE...

Équation du premier degré

Une équation est une **égalité** dont l'un ou l'autre des membres (ou les deux) contient **l'inconnue** x.

Résoudre une équation, c'est chercher l'ensemble des valeurs de x pour lesquelles l'égalité est vérifiée.
Tout nombre x de cet ensemble est appelé **solution** de l'équation.

→ ***Attention :*** le plus souvent, une équation du premier degré admet une solution et une seule, mais il peut arriver qu'elle n'en admette aucune, ou que tout nombre soit solution.

Résolution d'une équation du premier degré

Les règles de calcul habituelles sur les égalités s'appliquent aux équations.

On peut, sans changer l'ensemble des solutions :
– **ajouter** ou **retrancher** un même nombre (ou une même expression) aux deux membres d'une équation ;
– **multiplier** ou **diviser** par un même nombre non nul les deux membres d'une équation.
On peut **ajouter membre à membre** des équations.

MÉTHODE

*Pour **résoudre une équation du premier degré**, on utilise les règles précédentes afin de :*
– regrouper d'un côté du signe « = » tous les termes dans lesquels x figure ;
– regrouper de l'autre côté tous les termes numériques.
On est alors ramené à une équation de la forme : $ax = b$.

Exemple : *résoudre l'équation* $5x - 2(x + 1) - 8 = 3x + 5\,(1 - x)$.
On développe $5x - 2x - 2 - 8 = 3x + 5 - 5x$
et on réduit chaque membre : $3x - 10 = -2x + 5$.
On regroupe les termes en x d'un côté : $3x + 2x - 10 = 5$
puis les termes numériques de l'autre : $5x = 15$.
On divise alors les deux membres par 5 : $x = 3$.

Équations-produits

Une équation de la forme $A \times B = 0$ est appelée une **équation-produit**.

> **MÉTHODE**
> *Pour **résoudre une équation-produit** $AB = 0$:*
> *– on résout l'équation $A = 0$;*
> *– on résout l'équation $B = 0$.*
> *Les solutions de l'équation-produit sont les solutions de ces deux équations.*

Exemple : *résoudre l'équation* $(x - 1)(x + 4) = 0$.
On résout $x - 1 = 0$, ce qui donne $x = 1$. On résout $x + 4 = 0$, ce qui donne $x = -4$.

L'équation donnée admet pour solutions les nombres 1 et -4.

JE M'ENTRAÎNE...

exercice 1

Résoudre l'équation : $3x - 2 = -\frac{4}{3}x - 3$.

Solution p. 72

exercice 2

Résoudre l'équation : $\frac{x+1}{3} - \frac{2x+1}{5} + \frac{x+4}{6} = \frac{x+8}{10}$.

Solution p. 72

exercice 3

Résoudre les équations suivantes :

a. $(4x - 3)(6 + x) = 0$. **b.** $(3x + 3)(2x + 2) = 0$.

Solution p. 72

séance 2 SYSTÈME DE DEUX ÉQUATIONS À DEUX INCONNUES

JE RÉVISE...

Système d'équations

Un **système de deux équations** du premier degré à **deux inconnues x et y** se présente sous la forme : $\begin{cases} ax + by + c = 0 \\ a'x + b'y + c' = 0. \end{cases}$

Résoudre le système de deux équations : $\begin{cases} ax + by + c = 0 \\ a'x + b'y + c' = 0 \end{cases}$
c'est chercher les **couples** de nombres (x, y), s'il en existe, tels que les deux relations soient vérifiées.

Un tel couple est appelé **une solution** du système d'équations.

Résolution d'un système par substitution

MÉTHODE

Résoudre un système d'équations par substitution consiste à :
*– **exprimer une inconnue en fonction de l'autre**, à l'aide d'une des équations ;*
*– **substituer l'expression obtenue** dans l'autre équation.*

On est ainsi conduit à une équation à une seule inconnue. On achève ensuite la résolution.

Exemple : soit le système $\begin{cases} 6x - 5y + 4 = 0 & (1) \\ -7x + 6y - 9 = 0 & (2) \end{cases}$

Exprimons, par exemple, y en fonction de x à l'aide de l'équation (1) :

$6x + 4 = 5y$ d'où $y = \frac{6}{5}x + \frac{4}{5}$.

Substituons cette expression à y dans l'équation (2), et résolvons l'équation obtenue :

$-7x + 6\left(\frac{6}{5}x + \frac{4}{5}\right) - 9 = 0$ soit $-7x + \frac{36}{5}x + \frac{24}{5} - 9 = 0$

d'où $-\frac{35}{5}x + \frac{36}{5}x = \frac{45}{5} - \frac{24}{5}$ ce qui donne $x = 45 - 24 = 21$.

Reportons cette valeur de x dans l'expression de y :

$y = \frac{6}{5} \times 21 + \frac{4}{5} = \frac{126}{5} + \frac{4}{5} = \frac{130}{5}$ soit $y = 26$.

Vérification : dans le système de départ, remplaçons x et y par les valeurs trouvées :

$$\begin{cases} 6 \times 21 - 5 \times 26 + 4 = 126 - 130 + 4 = 0 \\ -7 \times 21 + 6 \times 26 - 9 = -147 + 156 - 9 = 0. \end{cases}$$

Le système donné admet donc pour solution unique le couple (21, 26).

Résolution d'un système par combinaisons

MÉTHODE

Résoudre un système par combinaisons consiste à :

*– **remplacer** chaque équation par une « **combinaison** » des deux, dans laquelle **une des inconnues ne figure plus** ;*

*– **résoudre** les deux équations à une inconnue ainsi obtenues.*

*Chaque combinaison s'obtient en **multipliant** les deux équations par des coefficients bien choisis, et en en faisant la **somme**.*

Exemple : soit le système $\begin{cases} 6x - 5y + 4 = 0 & (1) \\ -7x + 6y - 9 = 0 & (2) \end{cases}$

Éliminons tout d'abord y : les coefficients de y dans les deux équations (1) et (2) sont -5 et 6 ; on multiplie donc ces deux équations respectivement par 6 et 5 :

$$\begin{cases} 6x - 5y + 4 = 0 & (\times 6) \\ -7x + 6y - 9 = 0 & (\times 5) \end{cases} \quad \text{donne} \quad \begin{cases} 36x - 30y + 24 = 0 \\ -35x + 30y - 45 = 0. \end{cases}$$

Faisons la somme membre à membre : les y disparaissent.

$$36x - 35x - \cancel{30y} + \cancel{30y} + 24 - 45 = 0 \,;$$

c'est-à-dire : $36x - 35x = 45 - 24$ d'où : $x = 21$.

On peut procéder de même pour éliminer x, en multipliant les équations (1) et (2) du système respectivement par 7 et 6 :

$$\begin{cases} 6x - 5y + 4 = 0 & (\times 7) \\ -7x + 6y - 9 = 0 & (\times 6) \end{cases} \quad \text{donne} \quad \begin{cases} 42x - 35y + 28 = 0 \\ -42x + 36y - 54 = 0. \end{cases}$$

La somme membre à membre donne :

$42x - 42x - 35y + 36y + 28 - 54 = 0$ d'où : $y = 54 - 28 = 26$.

→ ***Remarque*** : une fois x trouvé, on peut aussi le remplacer par sa valeur dans l'une (au choix) des équations du système, et en tirer y :

$6 \times 21 - 5y + 4 = 0$ d'où $5y = 126 + 4 = 130$

$$y = \frac{130}{5} = 26.$$

Le couple (21, 26) est donc solution unique du système (la vérification est identique à celle vue ci-dessus).

JE M'ENTRAÎNE...

exercice 4

Résoudre le système : $\begin{cases} 2x + 5y = -1 & (1) \\ 5x - 2y = 12 & (2) \end{cases}$

a. par substitution ; b. par combinaisons.

Solution p. 72

exercice 5

Résoudre le système : $\begin{cases} 2x - 5y = 9 & (1) \\ 5x - 2y = 12 & (2) \end{cases}$

a. par substitution ; b. par combinaisons.

Solution p. 73

séance 3 INTERPRÉTATION GRAPHIQUE

JE RÉVISE...

Résolution d'un système par comparaison

Lorsque, dans aucune des deux équations, le coefficient de y n'est nul, on peut présenter les méthodes de résolution précédentes sous une forme intéressante.

Exposons-la sur l'exemple :

$$\begin{cases} x - 2y + 2 = 0 \\ x + 2y - 4 = 0. \end{cases}$$

Dans chacune des équations, **on isole y dans un membre**.

$$\begin{cases} y = \frac{1}{2}x + 1 \\ y = -\frac{1}{2}x + 2. \end{cases}$$

La méthode consiste à **comparer les deux expressions obtenues pour y**, qui sont égales à condition que : $\frac{1}{2}x + 1 = -\frac{1}{2}x + 2$.

Cette égalité est vérifiée pour la valeur $x = 1$ (et elle seule). L'une ou l'autre équation donne alors pour y la valeur $\frac{3}{2}$.

Remarques :

Si on appliquait au système transformé,

$$\begin{cases} y = \frac{1}{2}x + 1 \\ y = -\frac{1}{2}x + 2 \end{cases}$$

la méthode de combinaison linéaire, on serait conduit à retrancher membre à membre ces équations, obtenant $\left(\frac{1}{2}x + 1\right) - \left(-\frac{1}{2}x + 2\right) = 0$ ou $x - 1 = 0$.

Si on appliquait au même système transformé la méthode de substitution, on serait conduit à substituer dans l'une de ces équations la valeur de *y* tirée de l'autre, obtenant $\left(\frac{1}{2}x + 1\right) - \left(-\frac{1}{2}x + 2\right)$ ou $x - 1 = 0$.

Interprétation graphique

Sous la forme transformée ci-dessus, la résolution d'un système tel que

$$\begin{cases} y = \frac{1}{2}x + 1 \\ y = -\frac{1}{2}x + 2. \end{cases}$$

a une interprétation graphique simple.

En effet, chacune de ces relations, par exemple, $y = \frac{1}{2}x + 1$ traduit une fonction affine, dont on sait construire une représentation dans un repère donné.

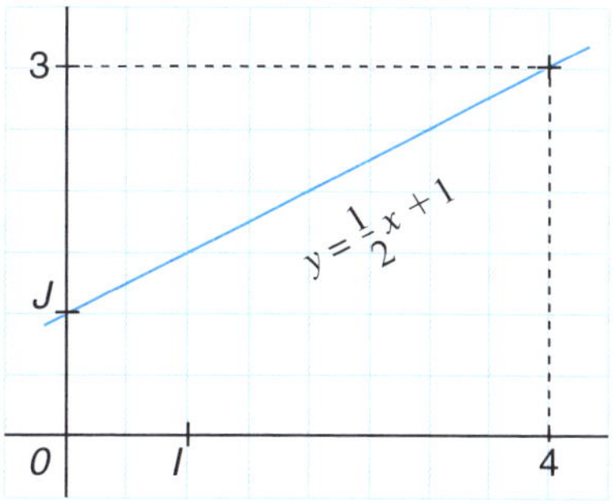

Les deux relations constituant le système sont donc représentées par deux droites.

Ces deux droites sont sécantes ; leur intersection semble être le point de coordonnées $\left(1 ; \frac{3}{2}\right)$.

Vérification : $\begin{cases} 1 - 2 \times \frac{3}{2} + 2 = 1 - 3 + 2 = 0 \\ 1 + 2 \times \frac{3}{2} - 4 = 1 + 3 - 4 = 0. \end{cases}$

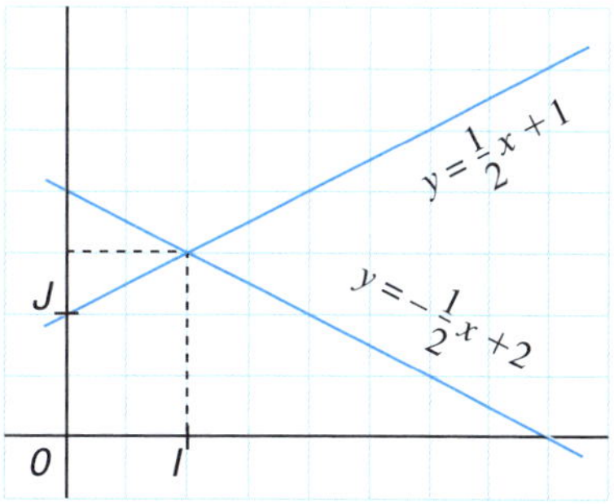

Remarque : dans un exercice, la représentation graphique d'un système permet de **contrôler ses réponses**. Mais les coordonnées du point d'intersection doivent toujours être **vérifiées par le calcul.**

JE M'ENTRAÎNE...

exercice 6

On donne les fonctions affines f et g définies par :
$f(x) = -\frac{1}{2}x + 1 \quad g(x) = \frac{1}{5}x - \frac{2}{5}$.

1 a. **Résoudre** l'équation $f(x) = g(x)$.
b. Soit x_A la valeur trouvée. **Calculer** $f(x_A)$ et $g(x_A)$. Que doit-on vérifier ?

2 a. **Représenter** graphiquement les fonctions f et g.
b. **Retrouver** graphiquement les résultats de la question **1**.

Solution p. 74

exercice 7

1 **Représenter** graphiquement chacune des relations suivantes :
$y = \frac{1}{2}x - \frac{3}{2}$. $\quad y = \frac{3}{2}x - \frac{1}{2}$.

2 D'après cette représentation, que peut-on dire quant à l'existence de solutions pour le système ci-dessous :

$$\begin{cases} y = \frac{1}{2}x - \frac{3}{2} \\ y = \frac{3}{2}x - \frac{1}{2}. \end{cases}$$

3 **Vérifier** par le calcul, en utilisant une méthode au choix (substitution ou combinaisons).

Solution p. 74

séance 4

PROBLÈMES DU PREMIER DEGRÉ

JE RÉVISE...

Pour résoudre un problème du premier degré

Beaucoup de problèmes « concrets » se résolvent facilement si on les traduit par un **système d'équations**.

MÉTHODE

1re étape : choisir les inconnues.
Souvent, ce choix est dicté directement par l'énoncé. Sinon, il faut essayer de choisir les inconnues conduisant aux calculs les moins compliqués.

2e étape : mettre le problème en équations.
Cela signifie : exprimer, par des relations que doivent vérifier les inconnues choisies, les informations données dans l'énoncé.

3e étape : résoudre le système.
On utilise pour cela les diverses méthodes revues plus haut.

4e étape : vérifier que la solution obtenue convient.
La solution trouvée doit être acceptable pour le problème concret posé. Par exemple, si la résolution d'un système donnait $x = 0{,}5$ et $y = 2{,}5$ comme nombres de convives à un repas, cette solution serait à rejeter.

Un exemple résolu

Énoncé : on veut peser une orange et un pamplemousse à l'aide d'une balance à deux plateaux. Un premier équilibre est obtenu avec l'orange et le pamplemousse sur le même plateau et une masse de 500 g sur l'autre. Un deuxième équilibre est obtenu avec l'orange et une masse de 200 g sur un plateau, et le pamplemousse sur l'autre. Quelles sont les masses des deux fruits ?

Résolution :

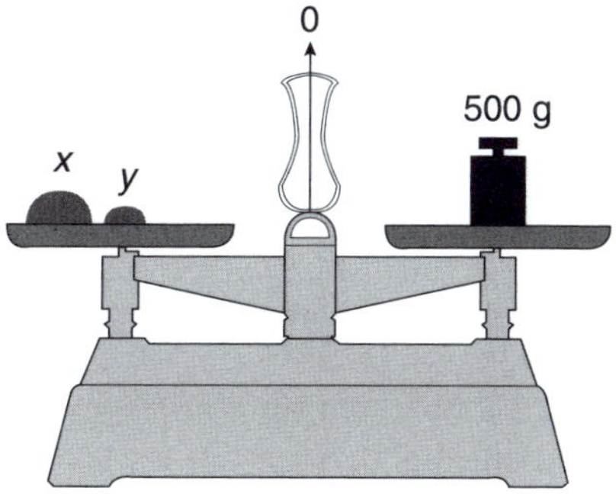

1re étape : le choix des inconnues est ici très simple ; on peut prendre x pour la masse de l'orange et y pour celle du pamplemousse (en grammes).

2e étape : l'orange et le pamplemousse équilibrent la masse de 500 g ; la somme de leurs masses est donc 500 g, d'où l'équation :

$$x + y = 500.$$

L'orange et la masse de 200 g équilibrent le pamplemousse ; la masse du pamplemousse est donc égale à la somme de 200 g et de la masse de l'orange, ce qui se traduit par l'équation :

$$x + 200 = y.$$

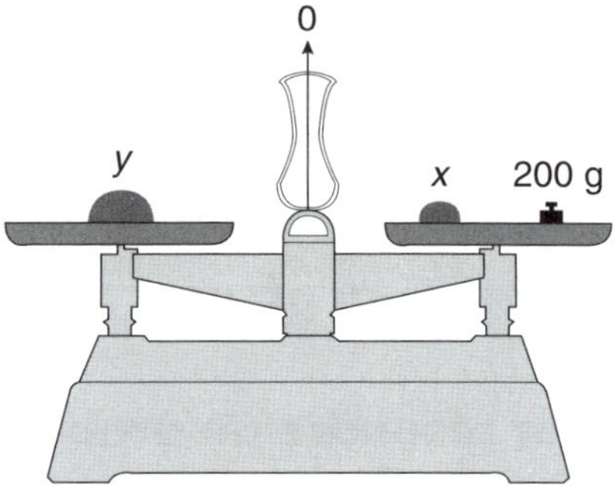

3e étape : le système à résoudre est donc :

$$\begin{cases} x + 200 = y \\ x + y = 500 \end{cases} \quad \text{soit} \quad \begin{cases} x - y = -200 \\ x + y = 500. \end{cases}$$

Il se résout immédiatement en : $x = 150$ et $y = 350$.

4e étape : ces valeurs sont acceptables (un pamplemousse est effectivement plus lourd qu'une orange).

Vérification : $150 + 350 = 500$ et $150 + 200 = 350$.

JE M'ENTRAÎNE...

exercice 8

Un parc d'attractions pratique des tarifs de visite distincts pour les adultes et pour les enfants ; de plus, les jours fériés, le tarif adulte est réduit de 25 % et le tarif enfant de 50 %. Un jour non férié, la recette a été de 2 120 € pour 140 entrées « adultes » et 55 entrées « enfants ». Un jour férié, la recette a été de 1 700 € pour 180 entrées « adultes » et 20 « enfants ».

Calculer le montant des tarifs « adultes » et « enfants » pour un jour non férié, puis pour un jour férié.

On séparera soigneusement le choix des inconnues, la mise en équations, puis la résolution du système d'équations obtenu, et enfin la discussion.

Solution p. 75

exercice 9

Un agriculteur possède un champ carré et deux champs rectangulaires, dont les aires forment une série proportionnelle à 12, 49 et 28.

1 L'aire totale des trois champs étant 2 ha 67 a, quelle est l'aire de chacun d'eux ?

2 Le premier étant le champ carré, quel est son côté ?

3 La longueur du second champ étant le triple de sa largeur, quelles sont ses deux dimensions ?

Solution p. 76

pour faire le point

Chercher les exercices sans connaître son cours, c'est perdre son temps. L'auto-test vous aide à faire le point sur vos connaissances : répondre « vrai » ou « faux » à chaque affirmation, puis se reporter aux solutions p. 223.

Auto-test

1. L'équation $4(x - 1) = 4x - 4$ admet plus d'une solution. (→ séance 1)

2. L'équation $4(x - 1) = 4$ admet $x = 1$ pour solution. (→ séance 1)

3. L'équation $4(x - 1)(x - 2) = 0$ admet $x = 1$ et $x = 2$ pour solutions. (→ séance 1)

4. Le système $\begin{cases} x - y = 1 \\ x + y = 3 \end{cases}$ admet deux solutions : $x = 2$ et $y = 1$. (→ séance 2)

5. Le point de coordonnées $(-2, 1)$ représente une des solutions de l'équation : $3x + 2y + 4 = 0$. (→ séance 3)

6. Les points du plan dont les coordonnées vérifient la relation $y = 3x + 4$ forment une droite. (→ séance 3)

7. Pour résoudre par substitution le système : $\begin{cases} x + 2y = 1 \\ 2x - y = 4 \end{cases}$

on peut retrancher $2y$ aux deux membres de la première équation ; on en tire : $x = 1 - 2y$. (→ séance 2)

8. Pour résoudre par combinaisons le système : $\begin{cases} x + 2y = 1 \\ 2x - y = 4 \end{cases}$ on peut retrancher $2y$ aux deux membres de la première équation et ajouter y aux deux membres de la seconde ; on en tire : $3x = 5$. (→ séance 1)

9. Mettre un problème en équations consiste à remplacer, dans les équations, les inconnues x et y par les valeurs fournies dans l'énoncé. (→ séance 4)

10. Le point commun aux deux droites d'équations respectives : $y = 2x + 1$ et $y = x - 2$ est la solution du système d'équations : $\begin{cases} 2x - y + 1 = 0 \\ x - y - 2 = 0. \end{cases}$

(→ séance 3)

Réponses p. 223

SOLUTIONS DES *exercices*

solution 1

Ajoutons 2 aux deux membres : $3x = \frac{-4}{3}x - 3 + 2$ ou $3x = \frac{-4}{3}x - 1$.

Ajoutons $\frac{4}{3}x$ aux deux membres : $\left(3 + \frac{4}{3}\right)x = -1$ ou $\frac{13}{3}x = -1$.

L'équation donnée admet donc la solution unique $\boldsymbol{x = -\frac{3}{13}}$.

Vérification : le nombre trouvé doit être tel que l'équation donnée est satisfaite :

$3\left(-\frac{3}{13}\right) - 2 = -\frac{4}{3}\left(-\frac{3}{13}\right) - 3.$

En effet, les deux membres sont bien égaux à $-\frac{35}{13}$.

solution 2

Il est peut-être plus simple, pour éviter d'écrire tous ces dénominateurs entiers, de multiplier d'abord les deux membres de l'équation par 30. On obtient ainsi :

$10(x+1) - 6(2x+1) + 5(x+4) = 3(x+8)$.

On peut alors simplifier chaque membre, obtenant ainsi : $3x + 24 = 3x + 24$.

Sans aller plus loin, on voit que **tout nombre est solution de cette équation**.

solution 3

a. Pour résoudre cette équation-produit, nous résolvons séparément :

$4x - 3 = 0$ qui admet la solution $\frac{3}{4}$, et $6 + x = 0$ qui admet la solution -6.

L'équation donnée admet pour solutions les deux nombres $\boldsymbol{\frac{3}{4}}$ **et** $\boldsymbol{-6}$.

b. Pour résoudre la seconde équation, nous procédons de même :

$3x + 3 = 0$ solution : -1 ; $2x + 2 = 0$ solution : -1.

L'équation donnée admet pour solution **le nombre – 1 et lui seul.**

solution 4

a. Exprimons x en fonction de y à l'aide de la première équation :

$2x + 5y = -1$ d'où $2x = -1 - 5y$ et donc $x = -\frac{5}{2}y - \frac{1}{2}$.

Reportons cette expression dans la seconde équation :

$$5 \times \left(-\frac{5}{2}y - \frac{1}{2}\right) - 2y = 12$$

$$-25y - 5 - 4y = 24$$

$$-29y = 29 \text{ d'où } \boldsymbol{y = -1}.$$

Remplaçons y par cette valeur dans l'expression de x :

$x = -\frac{5}{2} \times (-1) - \frac{1}{2} = \frac{4}{2} = 2$ d'où $\boldsymbol{x = 2}$.

Vérification : $\begin{cases} 2 \times 2 + 5 \times (-1) = 4 - 5 - 1 \\ 5 \times 2 - 2 \times (-1) = 10 + 2 = 12. \end{cases}$

b. Pour éliminer x, multiplions la première équation par 5 et la seconde par – 2 ; on obtient : $\begin{cases} 10x + 25y = -5 \\ -10x + 4y = -24. \end{cases}$

En faisant la somme, il vient $10x - 10x + 25y + 4y = -29$ d'où $\boldsymbol{y = -1}$.

Pour éliminer y, on multiplie par 2 et 5 : $\begin{cases} 4x + 10y = -2 \\ 25x - 10y = 60. \end{cases}$

Donc $29x + 0y = 58$ d'où $\boldsymbol{x = 2}$.

solution 5

a. De (1), on tire par exemple : $y = \frac{2}{5}y - \frac{9}{5}$.

En reportant dans (2), il vient : $5x - 2\left(\frac{2}{5}x - \frac{9}{5}\right) = 12$ soit $25x - 4x + 18 = 60$.

On en déduit : $x = \frac{42}{21}$ $\quad \boldsymbol{x = 2}$.

En remplaçant x par sa valeur dans l'expression de y, on trouve :

$y = \frac{2}{5} \times 2 - \frac{9}{5} = -\frac{5}{5}$ $\quad \boldsymbol{y = -1}$.

La solution du système est le couple (2, –1).

Vérification : $\begin{cases} 2 \times 2 - 5 \times (-1) = 4 + 5 = 9 \\ 5 \times 2 - 2 \times (-1) = 10 + 2 = 12. \end{cases}$

b. En multipliant (1) par 5 et (2) par −2, on élimine x :

$$\begin{cases} 10x - 25y = 45 \\ -10x + 4y = -24 \end{cases}$$

$$0x - 21y = 21$$ d'où $\boldsymbol{y = -1}$.

En multipliant l'équation (1) par – 2 et la (2) par 5, on élimine y :

$$\begin{cases} -4x + 10y = -18 \\ 25x - 10y = 60 \end{cases}$$

$-4x + 25x + 0y = 60 - 18$ d'où $\boldsymbol{x = 2}$. (*Vérification* : voir ci-dessus).

solution 6

1 a. L'équation $f(x) = g(x)$ s'écrit : $-\frac{1}{2}x + 1 = \frac{1}{5}x - \frac{2}{5}$ soit $1 + \frac{2}{5} = \frac{1}{5}x + \frac{1}{2}x$

ou encore $\frac{10+4}{10} = \frac{2x+5x}{10}$ c'est-à-dire $14 = 7x$; d'où $\boldsymbol{x = 2}$.

b. $x_A = 2$

$f(2) = -\frac{1}{2} \times 2 + 1 = -1 + 1 = \mathbf{0}$ $\qquad g(2) = \frac{1}{5} \times 2 - \frac{2}{5} = \frac{2}{5} - \frac{2}{5} = \mathbf{0}$.

On vérifie ainsi que pour $x = 2$, on a bien :
$\boldsymbol{f(x) = g(x)}$.

2 a. Pour tracer les droites représentatives de f et g on dresse des tableaux de valeurs :

x	0	2
$f(x)$	1	0

x	0	2
$g(x)$	$-\frac{2}{5}$	0

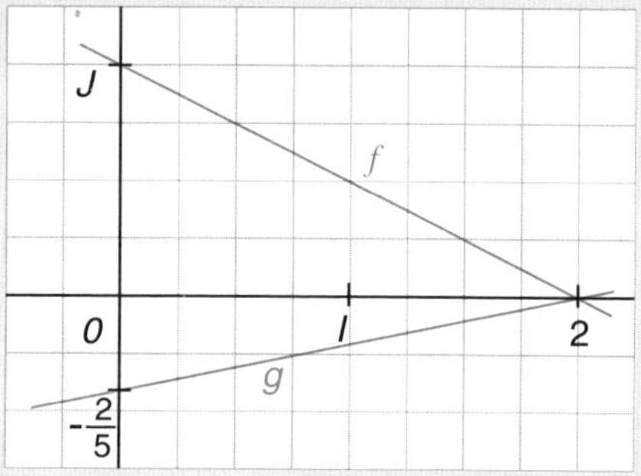

b. Le point d'intersection des droites a pour coordonnées (2 ; 0).
Son abscisse est la solution de l'équation $f(x) = g(x)$.

solution 7

1 Remplissons des tableaux de valeurs :

pour $\mathscr{D}$:

x	0	3
y	$-\frac{3}{2}$	0

pour $\mathscr{D}'$:

x	0	1
y	$-\frac{1}{2}$	1

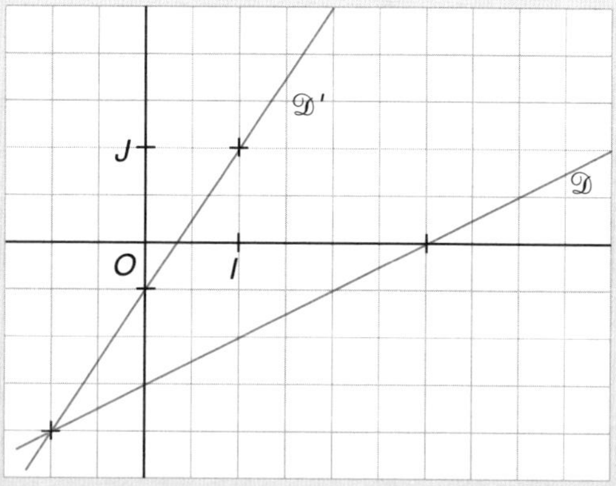

2 Les équations de ce système sont celles représentées graphiquement ci-dessus. Les droites semblent avoir un point d'intersection, de coordonnées égales à $x = -1$, $y = -2$. Le système d'équations semble donc avoir une solution qui est le couple $(-1 ; -2)$.

3 Nous savons que, dans le cas d'un tel système, les deux méthodes conduisent sensiblement aux mêmes calculs.

Par exemple en substituant y, on obtient : $\frac{1}{2}x - \frac{3}{2} = \frac{3}{2}x - \frac{1}{2}$, qui se réduit en $x = -1$, et par conséquent $y = -2$.
Le calcul confirme donc les informations approximatives tirées de l'observation du graphique.

solution 8

1re étape : choix des inconnues.
Il y a dans ce problème au moins deux inconnues, les tarifs « adultes » et « enfants » d'un jour non férié ; les tarifs d'un jour férié sont inconnus, mais ils se déduisent très simplement des tarifs d'un jour non férié.

Désignons donc par :
***x* le tarif « adultes » d'un jour non férié,**
***y* le tarif « enfants » d'un jour non férié**, exprimés tous deux en euros.

2e étape : mise en équations.
L'information donnée sur la recette d'un jour non férié se traduit immédiatement par la relation : $\mathbf{140x + 55y = 2\,120}$.

L'information donnée sur la recette d'un jour férié est un peu plus longue à traduire ; il nous faut d'abord exprimer en fonction de x et de y les tarifs d'un jour férié. Ce sont respectivement 75 % du tarif « adultes » et 50 % du tarif « enfants », soit $0{,}75x$ et $0{,}5y$.

L'information se traduit alors par la relation : $180 \times 0{,}75x + 20 \times 0{,}5y = 1\,700$ ou encore, après calcul des produits : $\mathbf{135x + 10y = 1\,700}$.

3e étape : résolution du système d'équations obtenu :

$$\begin{cases} 140x + 55y = 2\,120 \\ 135x + 10y = 1\,700. \end{cases}$$

Nous pouvons, par exemple, tirer y de la seconde équation : $y = 170 - 13{,}5x$.
(Ce choix évite l'écriture de dénominateurs 140, 55, ou 135 dès cette étape du calcul). En reportant dans la première équation, on obtient :

$$140x + 55(170 - 13{,}5)x = 2\,120$$

ou $$140x + 9\,350 - 742{,}5x = 2\,120$$

ou $$9\,350 - 2\,120 = 742{,}5x - 140x$$

ou enfin $$7\,230 = 602{,}5x.$$

Par division, on obtient : $\mathbf{x = 12}$ et donc $\mathbf{y} = 170 - 13{,}5 \times 12$, soit $\mathbf{y = 8}$.

Vérification : $\begin{cases} 140 \times 12 + 55 \times 8 = 1\,680 + 440 = 2\,120 \\ 135 \times 12 + 10 \times 8 = 1\,620 + 80 = 1\,700. \end{cases}$

4e étape : discussion.
La réponse trouvée est acceptable ; les tarifs pour un jour non férié sont : « adultes » : 12 €, « enfants » : 8 €.

Il ne faut pas oublier de compléter la réponse en donnant les tarifs pour un jour férié : « adultes » : $0{,}75 \times 12 = 9$, tarif : 9 € ;
« enfants » : $0{,}5 \times 8 = 4$, tarif : 4 €.

solution 9

1 Désignons par a_1, a_2, a_3 les aires respectives des champs. En utilisant l'are pour unité, les données se traduisent par les équations :
$a_1 = 12k$, $a_2 = 49k$ et $a_3 = 28k$ (en notant k le coefficient de proportionnalité).
On en déduit : $a_1 + a_2 + a_3 = (12 + 49 + 28)\,k$ soit $269 = 89\,k$ d'où $k = 3$ et :
$a_1 = 12 \times 3 =$ **36 ares**
$a_2 = 49 \times 3 =$ **147 ares**
$a_3 = 28 \times 3 =$ **84 ares**.

2 En mètres carrés, on a : $a_1 = 3\,600$, d'où le côté du carré, en mètres :
$\sqrt{3\,600} =$ **60**.

3 Soient a et b la longueur et la largeur, en mètres, du deuxième champ.

Pour les déterminer, on a les deux équations : $\begin{cases} a = 3b \\ a \times b = 14\,700. \end{cases}$

On en déduit : $(3b)b = 14\,700$ ou $b^2 = 4\,900$ et $b = 70$, et enfin $a = 210$.
La largeur du champ est **70 m** et sa longueur **210 m**.

CHAPITRE

6

Fonctions

La notion de fonction en tant que correspondance entre deux types d'objets est relativement ancienne. Mais le terme n'apparaît qu'à la fin du XVIIe siècle sous la plume de Leibniz, il s'agit alors de fonction associée à une courbe géométrique. La notation f ne s'est pas mise en place tout de suite. Jean Bernoulli propose d'appeler X la fonction de x, La notation fx apparaît chez Euler en 1734. Les fonctions sont alors toujours à valeurs numériques…

Sommaire

Prévoir, pour la quinzaine à venir, quatre séances de travail d'environ une demi-heure, et les inscrire dans votre agenda.

séance 1 NOTION DE FONCTION

JE RÉVISE...

Définition, notation et vocabulaire

Une **fonction *f*** de la variable x est « une machine » qui à chaque valeur de x associe un nombre **unique** noté $f(x)$ (lire f de x).

On note $f : x \rightarrow f(x)$ (lire : la fonction f qui à x associe le nombre f de x)

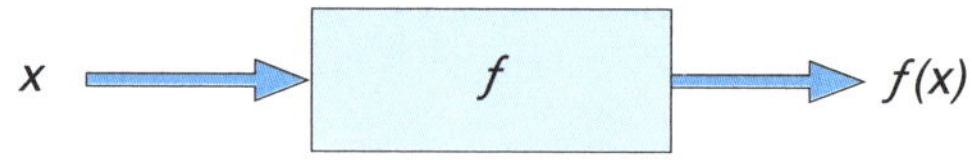

x est la **variable** et $f(x)$ est la **valeur** prise par la fonction f pour la valeur x. Cette valeur est parfois désignée par la lettre y ; on pourra alors écrire : $y = f(x)$.

Une fonction peut-être définie par :

Une formule

$f : x \mapsto 2x + 5$

ou $f(x) = 2x + 5$

ou $y = 2x + 5$

Un graphique

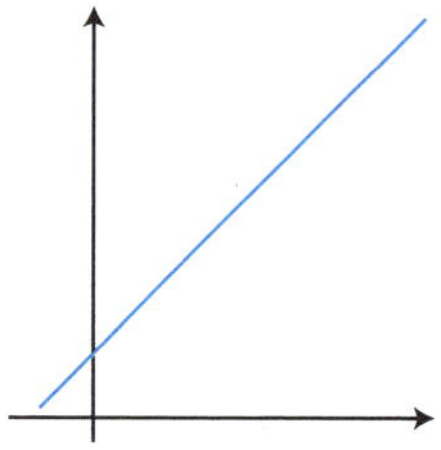

Un tableau de nombres

x	2	3	5
$f(x)$	9	11	15

ou même un procédé physique, une touche de calculatrice...

On dit que : le nombre $f(x)$ est l'**image** de x par la fonction f.
le nombre x est un **antécédent** de $f(x)$.

JE M'ENTRAÎNE...

exercice 1

f est la fonction définie par $f(x) = x^2 - 4$.

1 **Calculer** les images par f des nombres $1, -2, \frac{3}{2}$.

2 **Calculer** les antécédents des nombres $5, -2, -5$.

Solution p. 90

exercice 2

Construire un graphique pour la fonction définie par le tableau ci-après :

x	− 3	− 2	− 1	0	1	2	3	4
$f(x)$	8	3	0	− 1	0	3	8	15

Solution p. 90

séance 2 PROPORTIONNALITÉ

JE RÉVISE...

Suites proportionnelles

Deux suites de nombres sont **proportionnelles** lorsqu'on passe de l'une à l'autre en **multipliant** ou en **divisant** chacun de ses termes par un nombre non nul.

Ce nombre est le **coefficient de proportionnalité.**

Exemple :

Suite 1	1	4	6	0
Suite 2	2	8	12	0

(Suite 1 → Suite 2 : ×2)

→ ***Attention :*** si on **ajoute** un même nombre à tous les termes d'une suite, on n'obtient pas une suite proportionnelle à la première :
(2 ; 8) n'est pas proportionnelle à (1 ; 7).

Propriété : deux suites proportionnelles à une même troisième sont proportionnelles entre elles :

Suite 1	1	4	6	0
Suite 2	2	8	12	0
Suite 3	6	24	36	0

(Suite 1 → Suite 2 : ×2 ; Suite 2 → Suite 3 : ×3 ; Suite 1 → Suite 3 : ×6)

Les pourcentages

> Un pourcentage est un **coefficient de proportionnalité** exprimé en **centièmes.**

Exemple : 25 % = $\frac{25}{100}$ ou $\frac{1}{4}$. $\frac{2}{3} \approx 0{,}67$ c'est-à-dire $\frac{67}{100}$ ou 67 %.

Un **taux** est aussi un coefficient de proportionnalité.

Exemple : un taux de TVA de 20,6 % signifie que la taxe représente 20,6 % $\left(\text{ou } \frac{20{,}6}{100}\right)$ du prix (hors taxe) du produit.

Augmentations et réductions

Exemple : une réduction de 15 % sur un baladeur de 80 € s'élève à : 0,15 × 80 = 12 €.
Le prix du baladeur après réduction est donc :

$80 - 0{,}15 \times 80 = 80\,(1 - 0{,}15) = 80 \times 0{,}85$.

Appliquer une réduction de 15 %, c'est donc multiplier le prix par $\left(1 - \frac{15}{100}\right)$.

De façon générale :

> Diminuer x de i % revient à multiplier x par $\left(1 - \frac{i}{100}\right)$.
>
> Augmenter x de i % revient à multiplier x par $\left(1 + \frac{i}{100}\right)$.

Grandeurs-produits et grandeurs-quotients

→ Certaines grandeurs sont définies comme le **produit de deux grandeurs**. Ainsi, l'énergie consommée (E) d'un appareil électrique de puissance P donnée est le **produit** de cette puissance par la durée t d'utilisation : $\boldsymbol{E = P \times t}$.
On dit que l'énergie consommée est une **grandeur-produit**.

Exemples : pour un lave-vaisselle de puissance donnée $\boldsymbol{P}$ **= 2 kW**, on a $E = 2 \times t$.
***E* est proportionnelle à *t*.**

Pour une durée d'utilisation donnée $\boldsymbol{t}$ **= 1,4 h**, un lave-vaisselle de puissance P consomme une énergie électrique $E = P \times 1{,}4$.
***E* est proportionnelle à *P*.**

Il est facile de reconnaître une grandeur-produit sur l'unité employée. Elle est énoncée comme la juxtaposition d'unités simples, aussi bien oralement que par écrit, ou en abréviations :

wattheure : Wh
kilowattheure (parfois avec un trait d'union : kilowatt-heure) : kWh
passagers kilomètres parfois écrit passagers × kilomètres.

→ D'autres grandeurs sont définies comme le **quotient de deux grandeurs**. Ainsi, la vitesse v d'un véhicule est le **quotient** de la distance parcourue d, par le temps t mis à la parcourir :

$$v = \frac{d}{t}.$$

On dit que la vitesse est une **grandeur-quotient**.

Exemples : un TGV qui, en un temps t **= 2 h**, parcourt d kilomètres, a une vitesse $v = \frac{d}{2}$ (en km/h).

v est proportionnelle à d.

Un TGV qui parcourt une distance d **= 1 000 km** en t heures, a une vitesse $v = 1\,000 \times \frac{1}{t}$ (en km/h).

v est proportionnelle à $\frac{1}{t}$.

Il est facile de reconnaître une grandeur-quotient sur l'unité employée.

Elle est énoncée comme juxtaposition d'unités simples, avec

- oralement, une préposition comme *par* ou *à* :
  mètres *par* seconde
  kilomètres *à* l'heure
  litres *aux* cent kilomètres.

Notons que cette préposition peut être sous-entendue :
des œufs vendus 4,50 euros la douzaine (on veut dire : 4,50 euros *par* douzaine).

- en abréviations, une barre oblique (/) :
  m/s
  km/h.

Quotients égaux

$\frac{a'}{a} = \frac{b'}{b} = \frac{c'}{c}$ signifie que les suites a', b', c' et a, b, c sont proportionnelles.

Le coefficient de proportionnalité est la valeur commune q de ces quotients :
$a' = aq$; $b' = bq$; etc.

Suite 1	a	b	c
Suite 2	a'	b'	c'

$\times q$

JE M'ENTRAÎNE...

exercice 3

La loi d'Ohm $U = R \times I$ est une fonction linéaire qui permet de calculer la tension en volts aux bornes d'une résistance exprimée en ohms en fonction de l'intensité du courant en ampères.

1 Si la résistance mesure 1 500 ohms, quelle est la tension lorsque $I = 100$ mA ?

2 Quel est le courant qui traverse la résistance si la tension est de 15 volts ?

Solution p. 90

exercice 4

Un libraire augmente ses prix de 5 %. Si y est le nouveau prix, exprimer y en fonction de x.

1 **Calculer** le nouveau prix d'un livre qui coûtait 26 € ?

2 **Calculer** l'ancien prix d'un livre qui coûte actuellement 20,70 €.

Solution p. 91

exercice 5

On partage une somme d'argent entre trois personnes. La première en reçoit 40 %, la deuxième 20 % et la troisième reçoit 1 200 €.

Calculer la part de chacune des personnes.

Solution p. 91

exercice 6

On étudie la consommation d'essence d'une série de voitures. Pour cent kilomètres, les consommations observées (en litres) sont données par le tableau ci-dessous.

Voiture	A	B	C	D	E
Consommation	4	5,2	8,5	3,8	6

1 **Classer** les voitures par ordre de consommations croissantes.

2 **Calculer** pour chaque voiture, la distance qu'elle peut parcourir avec un litre d'essence.

3 **Classer** les voitures par ordre de distances parcourues (avec un litre d'essence) décroissantes.

Solution p. 91

séance 3 FONCTION LINÉAIRE

JE RÉVISE...

Définitions

Soit a un nombre donné.
On définit une **fonction linéaire de coefficient *a*** quand, à tout nombre x, on associe le produit ax.
On écrit $\boldsymbol{x \mapsto ax}$ ou, en appelant f la fonction : $\boldsymbol{f(x) = ax}$.

$f(x)$ est appelée **image de x par la fonction f,** et est parfois notée y.
Une fonction linéaire est la traduction d'une situation de proportionnalité.

Exemple : une augmentation de 20 % se traduit par la fonction linéaire de coefficient $a = 1 + \frac{20}{100} = 1{,}2$.

Application aux grandeurs physiques

Pour des grandeurs simples ou des grandeurs-produits, une fonction linéaire est aussi la traduction d'un changement d'unités.

Exemples :

– L'emploi du mètre au lieu du kilomètre se traduit par la fonction linéaire de coefficient 1 000. Une distance de 3,2 km s'exprime : 3 200 mètres.

– L'emploi du kilowattheure au lieu du wattheure se traduit par la fonction linéaire de coefficient 1 000. Une énergie de 3,2 kWh s'exprime : 3 200 Wh.

– Si cela existait, l'emploi du wattminute (Wm) au lieu du wattheure se traduirait par la fonction linéaire de coefficient 60. Une énergie de 3 Wh s'exprime : 180 Wm.

– L'emploi de l'euro au lieu du franc se traduit par une fonction linéaire de coefficient 1/6,55 957. Un emprunt immobilier de 655 957 francs s'exprime : 100 000 euros.

Représentation graphique

La représentation graphique d'une fonction linéaire est **une droite passant par l'origine du repère.**

→ ***Remarque :*** le coefficient a se retrouve sur le graphique comme ordonnée du point d'abscisse $x = 1$.

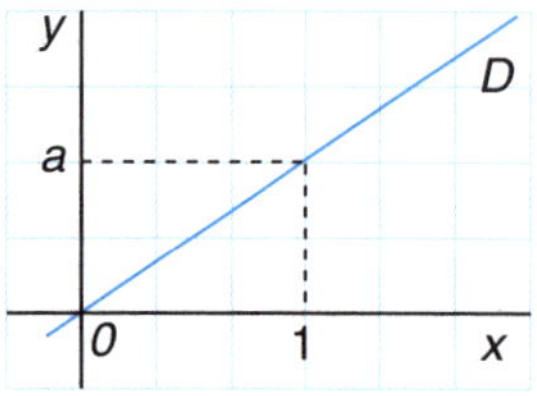

MÉTHODE

*Pour **construire la représentation graphique** d'une fonction linéaire :*
– on choisit une valeur simple de x et on calcule le produit ax ;
– on construit le point A de coordonnées (x, ax).
La représentation graphique est la droite (OA).

JE M'ENTRAÎNE...

exercice 7

1 **Déterminer** la fonction linéaire f telle que :

a. $f(3) = 2$.
b. $f(2) = -3$.
c. $f(5)=5$.
d. $f(-1)=-1$.

2 Soit f la fonction linéaire telle que : $f\left(\frac{1}{3}\right)=2$. **Déterminer** $f(1)$; $f(2)$; $f(-1)$.

Solution p. 92

exercice 8

1 **Déterminer** la fonction linéaire dont la représentation graphique contient le point A de coordonnées $x = -6$ et $y = \frac{3}{2}$, et tracer cette représentation graphique.

2 **Déterminer** la fonction linéaire dont la représentation graphique contient le point B de coordonnées $x = \sqrt{2}$ et $y = 3\sqrt{2}$, et **tracer** cette représentation sur le même graphique.

Solution p. 92

exercice 9

1 La figure ci-contre représente-t-elle une fonction linéaire ? Pourquoi ?

2 L'imprimeur a oublié de marquer les graduations des axes ; peut-on les retrouver en sachant que cette fonction linéaire a pour coefficient – 2 ?

Expliquer et **marquer** les graduations.

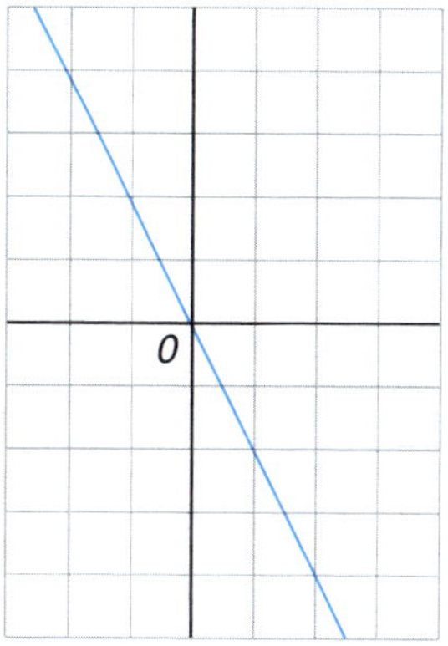

Solution p. 93

séance 4 FONCTIONS AFFINES

JE RÉVISE...

Définitions

Soit deux nombres a et b donnés.

On définit une **fonction affine de coefficient a et de valeur à l'origine b**, en associant à tout nombre x le nombre $ax + b$.

On écrit $x \mapsto ax + b$

ou, en appelant f la fonction : $\mathbf{f(x) = ax + b}$.

Le nombre b est appelé valeur à l'origine car pour $x = 0$, on a $f(x) = b$.

Cas particuliers :

Si $\mathbf{b = 0}$, alors $f(x) = ax$, et f est une fonction linéaire.

Toute fonction linéaire est une fonction affine particulière.

Si $\mathbf{a = 0}$, alors pour tout x, $f(x) = b$, et f **est une fonction constante**.

Proportionnalité des accroissements

Soit une fonction affine f donnée par $f(x) = ax + b$.

Pour tous nombres x_1 et x_2 tels que $x_2 \neq x_1$:

$$\frac{f(x_2) - f(x_1)}{x_2 - x_1} = a.$$

La différence $x_2 - x_1$ est appelée **l'accroissement de x.**
La différence $f(x_2) - f(x_1)$ est **l'accroissement de $f(x)$.**

Pour une fonction affine f, tout accroissement de l'image $f(x)$ est proportionnel à l'accroissement correspondant de x. Le coefficient de proportionnalité est le coefficient de la fonction affine.

→ ***Attention :*** un « accroissement » peut être aussi bien positif que négatif.

Représentation graphique

Dans un repère (O ; I ; J) la **représentation graphique** de la fonction affine f : $x \mapsto ax + b$ est **une droite** (Δ).

a est le coefficient directeur de la droite (Δ) : suivant le signe de a, la droite « monte », la droite est parallèle à l'axe des abscisses ou la droite « descend ».

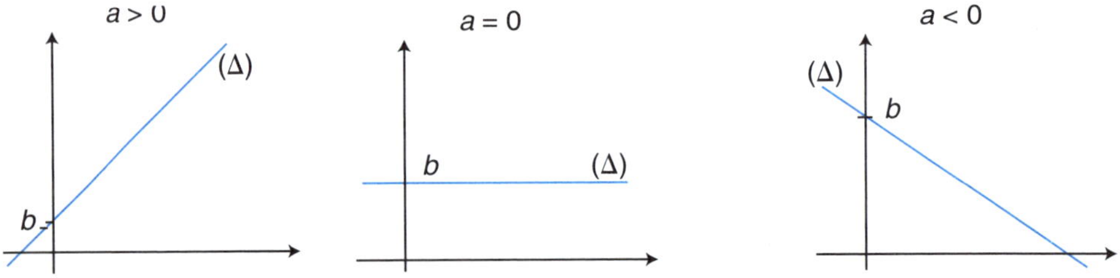

b est appelé « **ordonnée à l'origine** » car b est l'ordonnée du point de la droite (Δ) d'abscisse 0. La droite (Δ) coupe l'axe des ordonnées au point $(0 ; b)$.

Lectures graphiques : la représentation graphique d'une fonction affine étant donnée, on peut déterminer l'image ou l'antécédent d'un nombre en traçant des parallèles aux axes.

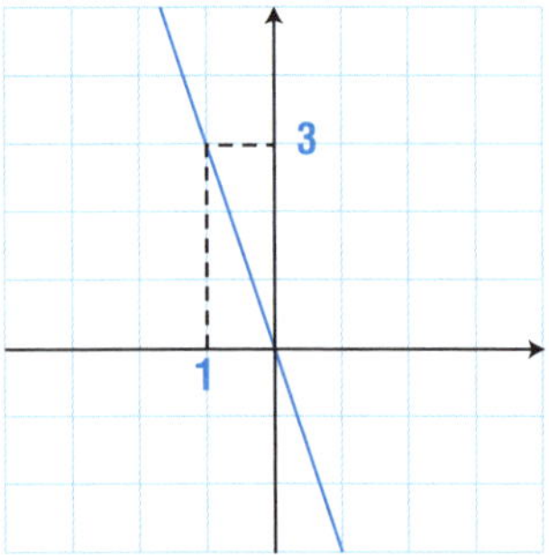

Exemple :
Sur la figure ci-contre :
si $x = -1$ alors $f(x) = 3$.
si $y = 3$ alors son antécédent est $x = -1$.
Sur ce graphique **on lit** que l'ordonnée à l'origine $b = 1$
et en comptant les carreaux, le coefficient directeur est $a = -2$.
La fonction affine associée à cette droite est donc : $f : x \mapsto -2x + 1$.

JE M'ENTRAÎNE...

exercice 10

Dans le monde anglo-saxon, la température est évaluée en degrés Fahrenheit. La fonction affine qui permet de convertir les températures en degrés Celsius en degrés Fahrenheit est : °F = 1,8 °C + 32.

1 S'il fait à Londres 86 °F, quelle température fait-il en degrés Celsius ?

2 Si à Paris il fait 20 °C, quelle serait la température pour un citoyen britannique ?

Solution p. 93

exercice 11

Un vidéoclub fait payer 5 € de souscription, puis la location de chaque DVD coûte 2,50 €.

1 Si on emprunte dans l'année x DVD quelle est la fonction affine qui donne le coût total ?

2 Si on emprunte 8 DVD, quel est le prix total payé ?

3 Si on a payé en tout 35 €, quel est le nombre de DVD empruntés ?

4 **Construire** la droite représentant cette fonction affine. Trouver graphiquement le prix total pour 4 DVD.

Solution p. 93

exercice 12

La caractéristique d'un composant électronique est définie par la fonction affine $v : i \mapsto 5 - 4i$ avec v la tension en volts aux bornes du composant et i l'intensité en ampères qui circule dans le composant.

1 **Construire** la représentation graphique de cette fonction.

2 Quelle est la tension aux bornes du composant lorsque l'intensité est de 250 mA ?

3 Pour quelle valeur de l'intensité la tension devient-elle nulle ?

Solution p. 94

exercice 13

Au départ d'un test de consommation, le réservoir d'une voiture contient 120 litres de carburant. Lorsqu'elle a parcouru 200 km, le réservoir contient encore 90 litres.

1 En supposant que la quantité de carburant restant v est une fonction affine de la distance parcourue x, **déterminer** cette fonction affine.

2 **Tracer** la représentation graphique de cette fonction dans un repère $(O\,;x\,;v)$.

3 Par lecture graphique, **déterminer** le nombre de kilomètres à parcourir pour que le réservoir soit à moitié plein.

4 Lorsque la voiture a parcouru 450 km, elle s'arrête. Quelle est alors la quantité de carburant restante ?

Solution p. 94

pour faire le point

Chercher les exercices sans connaître son cours, c'est perdre son temps. L'auto-test vous aide à faire le point sur vos connaissances : répondre « vrai » ou « faux » à chaque affirmation, puis se reporter aux solutions p. 224.

Auto-test

1. Un objet se déplace à la vitesse de 10 m/s. Sa vitesse est : 60 km/h. (→ séance 2)

2. Dans un repère orthonormé on place les points A(1 ; – 2) ; B(– 3 ; 6). Ces points reflètent une relation de proportionnalité. (→ séance 2)

3. Le volume de l'eau augmente de 8 % quand elle gèle. Un bloc de glace de volume 200 cm^3 fond. Le volume d'eau obtenu est 184 cm^3. (→ séance 2)

4. Dans une recette de pâtisserie, il faut 120 g de beurre pour faire un gâteau pour 6 personnes. Si on veut faire un gâteau pour 10 personnes, il faut 200 g de beurre. (→ séance 2)

5. Un pouce correspond environ à 2,54 cm. Un écran LCD de 32 pouces a une diagonale de 81 cm au centimètre près. (→ séance 2)

6. Le coefficient directeur de la droite représentée ci-contre est égal à $\frac{3}{2}$. (→ séance 3)

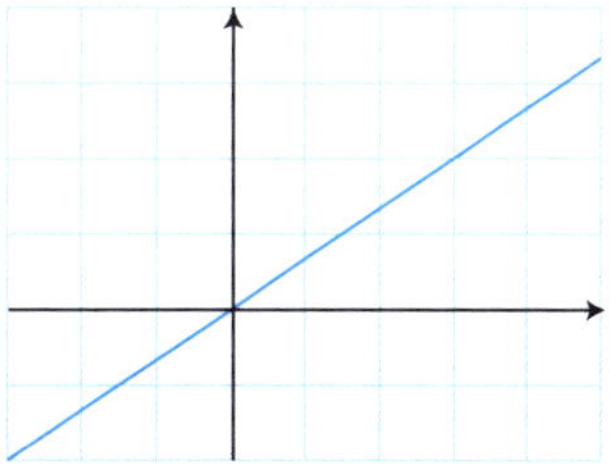

7. Un lecteur MP3 coûte 20 €. Son prix est augmenté de 15 %. Le commerçant consent une remise de 15 % à un bon client. Ce client paye donc le lecteur 20 €. (→ séance 2)

8. Un ressort a une longueur à vide de 5 cm. Lorsqu'on lui suspend une masse de 100 g, il s'allonge de 1 cm. Si L est la longueur en cm et m la masse en grammes, la fonction affine qui traduit cette expérience est $L : m \mapsto \frac{m}{100} + 5$. (→ séance 4)

9. La température de l'air baisse de 6,5 °C lorsque l'altitude augmente de 1 000 m. La température au sol est de 18 °C. Un avion vole à 4 000 m d'altitude. La température de l'air est alors de – 8 °C. (→ séance 4)

10. Dans un repère, les représentations graphiques des fonctions $x \mapsto -2x + 3$ et $x \mapsto 2x - 3$ sont deux droites parallèles. (→ séance 4)

Réponses p. 224

SOLUTIONS DES *exercices*

solution 1

1 Les images de 1, – 2 et $\frac{3}{2}$ sont :

$f(1) = -3$ $\qquad f(-2) = 0$ $\qquad f\left(\frac{3}{2}\right) = \frac{9}{4} - 4 = -\frac{7}{4}$

2 $f(x) = 5$ alors $x^2 - 4 = 5$

$x^2 = 9$

donc **les antécédents de 5 sont – 3 et 3**.

$f(x) = -2$ alors $x^2 - 4 = -2$

$x^2 = 2$

donc **les antécédents de – 2 sont $-\sqrt{2}$ et $\sqrt{2}$.**

$f(x) = -5$ alors $x^2 - 4 = -5$

$x^2 = -1$

Un carré ne peut pas être négatif donc **– 5 n'a pas d'antécédent !**

solution 2

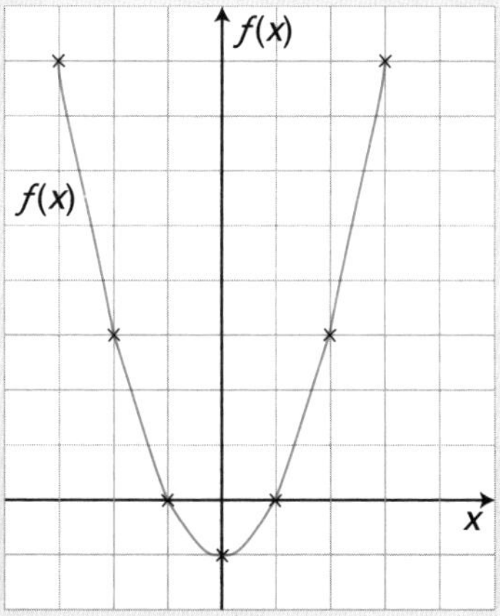

solution 3

La fonction linéaire est : $U = R \times I$.

1 $R = 1\,500$ ohms et $I = 0{,}1$ A alors $U = 1\,500 \times 0{,}1 = 150$.

Soit $U = 150$ V.

2 $R = 1\,500$ ohms et $U = 15$ volts alors $I = \frac{U}{R} = \frac{15}{1\,500} = 0{,}01$ A.

Soit $I = 0{,}01$ A.

solution 4

1 Soit x le prix initial des livres, y le nouveau prix après augmentation.

Si l'augmentation est de 15 %, alors on a : $y = \left(1 + \frac{15}{100}\right)x$

donc $y = 1{,}15\,x$

Un livre coûtait 26 € donc son nouveau prix est de $1{,}15 \times 26 =$ **29,90 €.**

2 Le prix actuel du livre est de 20,70 €, son ancien prix est de $\frac{20{,}70}{1{,}15} =$ **18 €**.

solution 5

La troisième personne reçoit un pourcentage égal à : $100 - 40 - 20 = 40$.

Appelons S la somme partagée. 40 % de la somme partagée sont égaux à 1 200 € :

$\frac{40}{100} \times S = 1\,200$.

La somme partagée est donc : $S = 1\,200 \times \frac{100}{40} = 3\,000$ €.

Les autres parts sont alors : 40 % de 3 000 € soit **1 200 €**

20 % de 3 000 € soit **600 €**.

solution 6

1 Le classement par ordre de consommations croissantes est : ***D A B E C.***

2 Parcourant 100 km avec 4 litres d'essence, la voiture A parcourt avec 1 litre : $\frac{100}{4} =$ **25 km**.

De même pour les autres véhicules, au dixième près :

Pour B, $\frac{100}{5{,}2} =$ **19,2 km** Pour D, $\frac{100}{3{,}8} =$ **26,3 km.**

Pour C, $\frac{100}{8{,}5} =$ **11,8 km** Pour E, $\frac{100}{6} =$ **16,7 km**.

3 Par ordre de distances parcourues décroissantes, l'ordre est : ***D A B E C,*** c'est-à-dire le même que précédemment, puisque des fractions de même numérateur sont dans l'ordre inverse de leurs dénominateurs.

→ ***Remarque*** : *on peut aussi dire que « plus une voiture consomme, moins elle parcourt de kilomètres avec un litre d'essence ».*

solution 7

1 a. Nous cherchons une fonction linéaire, c'est-à-dire une expression de la forme $f : x \mapsto ax$, où a est un nombre à déterminer.
La condition $f(3) = 2$ se traduit par l'équation : $3a = 2$. On obtient la solution unique : $\boldsymbol{a = \frac{2}{3}}$.
b. De même, si $f(2) = -3$, l'équation correspondante $2a = -3$ admet la solution unique : $\boldsymbol{a = -\frac{3}{2}}$.
c. La condition $f(5) = 5$ se traduit par l'équation $5a = 5$, d'où la solution unique : $\boldsymbol{a = 1}$.
d. De même, si $f(-1) = -1$, l'équation associée $-a = -1$ admet la solution unique : $\boldsymbol{a = 1}$.

2 Soit $x \mapsto ax$ la fonction étudiée.
L'hypothèse $2 = \frac{1}{3}a$ permet de calculer a. On trouve : $a = 6$.
On peut alors calculer : $\boldsymbol{f(1) = 6 \; ; \; f(2) = 12 \; ; \; f(-1) = -6}$.

solution 8

1 En écrivant la formule de la fonction linéaire sous la forme : $f(x) = ax$, l'information concernant le point A se traduit par : $\frac{3}{2} = -6a$ et donc $\boldsymbol{a = -\frac{1}{4}}$.
Pour construire la représentation graphique, il suffit de marquer le point A (mais on avait le droit d'en choisir un autre) et de tracer la droite (AO).

2 En écrivant la formule de la fonction linéaire sous la forme : $f(x) = ax$, l'information concernant le point B se traduit par : $3\sqrt{2} = a\sqrt{2}$, et donc : $\boldsymbol{a = 3}$.
Ici, le choix de B pour tracer la représentation graphique n'est pas le meilleur (regarder sur la calculatrice une valeur approchée de $\sqrt{2}$).
Prenons plutôt, par exemple, $x = 1$;
alors $f(x) = 3$ (on obtient le point C).

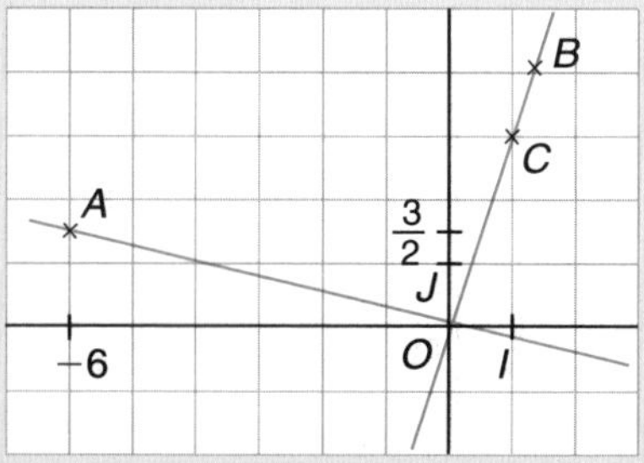

solution 9

1 La figure donnée montre une **droite contenant** l'origine du repère, qui représente donc bien **une fonction linéaire**.

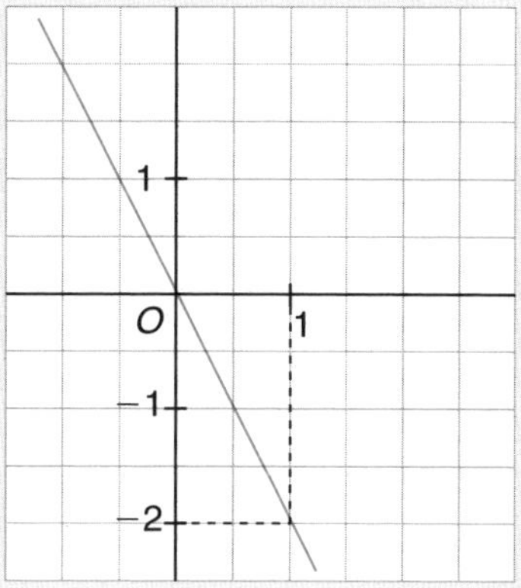

2 La seconde question posée a de nombreuses solutions : il suffisait de marquer n'importe où sur l'axe des abscisses (du côté positif quand même !) le nombre 1, et de construire le point de la droite d'abscisse 1 ; son ordonnée doit être – 2. Le point d'ordonnée – 1 de l'axe des ordonnées s'en déduit simplement (c'est le milieu du segment d'extrémités 0 et – 2) et le point d'ordonnée 1 est son symétrique par rapport à O.

solution 10

1 Il fait à Londres 86 °F, on peut écrire : 1,8 C + 32 = 86

$$1{,}8\,C = 54$$

$$C = \frac{54}{1{,}8} = \mathbf{30\ °C.}$$

2 À Paris on a une température de 20 °C. Alors F = 1,8 × 20 + 32

$$F = 36 + 32 = \mathbf{68\ °F.}$$

solution 11

1 La souscription coûte 5 €. Chaque DVD loué coûte 2,50 €.
Le prix total payé pour x DVD est donc $\boldsymbol{P = 5 + 2{,}50\,x}$.

2 On loue 8 DVD. Le prix total est donc : $P = 5 + 2{,}5 \times 8 = 5 + 20 =$ **25 €.**

3 Si on a payé en tout 35 € on peut écrire la relation :

$$5 + 2{,}50\,x = 35$$

donc $2{,}5\,x = 30$ soit $x = \frac{30}{2{,}5} = 12$.

On a donc loué **12 DVD**.

4 On peut marquer le point d'abscisse nulle (alors $y = 5$) et le point de coordonnées (8 ; 25). Pour $x = 4$, on lit approximativement $y = 15$.

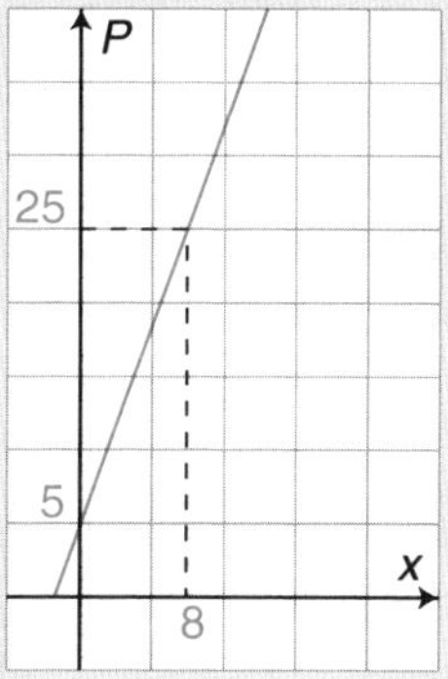

solution 12

1 L'expression de la fonction affine est : $v = 5 - 4\,i$.

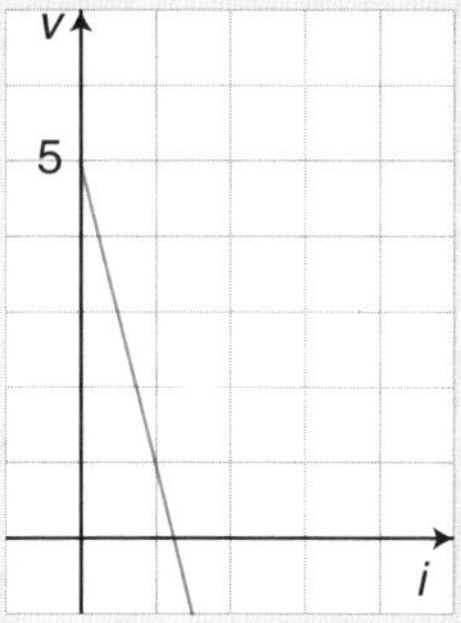

2 Le courant est de 250 mA = 0,25 A.

alors $v = 5 - 4 \times 0{,}25 = 4$. Soit $\boldsymbol{v = 4}$ **V.**

3 La tension est égale à 0 alors on a : $5 - 4\,i = 0$

$$-4\,i = -5$$

$$i = \frac{5}{4} = 1{,}25 \text{ A.}$$

Soit $\boldsymbol{i = 1{,}25}$ **A.**

solution 13

1 Le volume est défini par : $v(x) = ax + b$.

- Le volume initial est de 120 litres. Donc $v(0) = 120$.
  Soit $0 + b = 120$.
- Au bout de 200 km, il reste 90 litres. Donc $v(200) = 90$.
  Soit $200\,a + b = 90$.
- La première relation donne $b = 120$ et en substituant dans la seconde, on trouve :

$$200\,a + 120 = 90$$

$$200\,a = -30$$

$$a = \frac{-30}{200} = -0{,}15$$

donc la fonction affine cherchée est donc $\boldsymbol{v(x) = -0{,}15\,x + 120}$**.**

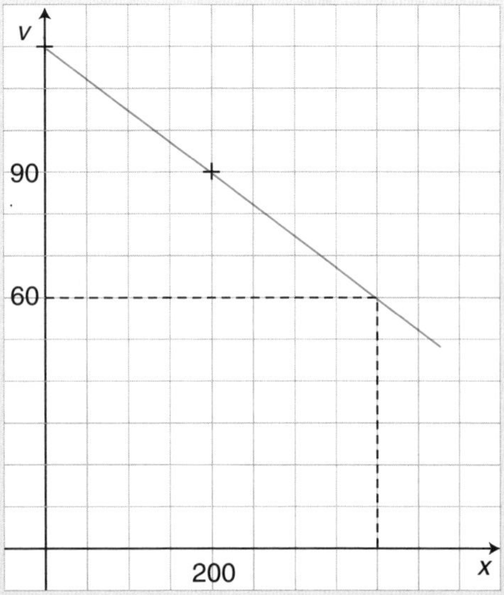

2 Pour construire la représentation graphique, on place les deux points : (0 ; 120) et (200 ; 90).

3 Un réservoir à moitié plein correspond à 60 litres. Graphiquement, la distance parcourue est environ de **380 km.**

4 Au bout de 450 km la voiture s'arrête. On peut écrire la relation :

$$v(450) = -0{,}15 \times 450 + 120$$

$$v(450) = -67{,}5 + 120 = 52{,}5.$$

Soit $\boldsymbol{v = 52{,}5}$ **litres.**

CHAPITRE

7

Inéquations

On a toujours plus de difficultés à effectuer des calculs sur des inégalités que sur des égalités : certaines opérations restent possibles ; d'autres, comme la multiplication des deux membres par un même nombre exigent des précautions et peuvent influer sur le sens de l'inégalité ; d'autres, enfin, sont rigoureusement exclues, comme de retrancher membre à membre des inégalités.
Les inéquations mettent donc en jeu l'acquis de toutes les classes précédentes. Heureusement, les représentations graphiques sont là pour nous aider.

Sommaire

Prévoir, pour la quinzaine à venir, quatre séances de travail d'environ une demi-heure, et les inscrire dans votre agenda.

séance **1**

ORDRE ET MULTIPLICATION

JE RÉVISE...

Multiplication par un nombre positif

Si a est un nombre strictement positif, on sait que des nombres de la forme ab et ac sont dans le même ordre que b et c.

Exemple :
Avec $a = 2$, les nombres $2b$ et $2c$ sont dans le même ordre que b et c.

Multiplication par un nombre négatif

Si a est un nombre strictement négatif, on sait que des nombres de la forme ab et ac sont dans l'ordre inverse de b et c.

Exemple :
Avec $a = -2$, les nombres $-2b$ et $-2c$ sont dans l'ordre inverse de b et c.

Comme on le faisait en 4e, un test de substitution illustre ce résultat

$b = 4 \quad c = 5 \quad 4 < 5$ et $-10 < -8$; $\qquad b = -1 \quad c = 2 \quad -1 < 2$ et $-4 < 2$

JE M'ENTRAÎNE...

exercice **1**

Un nombre a vérifie l'inégalité $a > 2$. Quelles inégalités peut-on en déduire à propos des nombres suivants : $3a$; $-a$; a^2.

Solution p. 103

exercice **2**

L'affirmation : « des nombres a et b non nuls sont toujours dans le même ordre que leurs inverses » est fausse. **Imaginer** un exemple qui le montre.

L'affirmation : « des nombres a et b non nuls sont toujours dans l'ordre opposé de leurs inverses » est fausse. **Imaginer** un exemple qui le montre.

Solution p. 103

exercice **3**

Un nombre a vérifie l'inégalité $-2 < a < -1$. Quelles inégalités peut-on en déduire à propos des nombres suivants : $2a$; $-a$; a^2 ; $\frac{1}{a}$.

Solution p. 103

séance **2**

INÉQUATIONS A UNE INCONNUE

JE RÉVISE...

Ordre et opérations (rappels)

On peut **ajouter** un même nombre aux deux membres d'une inégalité :

si $b < c$, alors $a + b < a + c$.

Conséquence : on peut **ajouter membre à membre** des inégalités de même sens.

→ ***Attention :*** on ne peut pas retrancher membre à membre des inégalités.
Par exemple, $4 < 5$ et $6 < 6{,}2$, mais $6 - 4$ n'est pas inférieur à $6{,}2 - 5$.

On peut multiplier par un même nombre **strictement positif** les deux membres d'une inégalité, sans en changer le sens :

pour $a > 0$, si $b < c$, alors $ab < ac$.

On peut multiplier par un même nombre **strictement négatif** les deux membres d'une inégalité, à condition d'en **changer le sens** :

pour $a < 0$, si $b < c$, alors $ab > ac$.

Exemple :

$$3 < 6{,}7$$

$\times -1$ ↓ $\quad$ ↓ $\times -1$

$$-3 > -6{,}7$$

Inéquation à une inconnue

Une inéquation est une **inégalité** dont l'un ou l'autre membre (ou parfois les deux) contient **l'inconnue x**.

Exemples : $4x - 1 < 0$ $\qquad$ $6x + 5 \leqslant 5x + 6$.

Résoudre une inéquation, c'est chercher l'ensemble des valeurs de x pour lesquelles l'inégalité est vérifiée.
Tout nombre x de cet ensemble est appelé **solution** de l'inéquation.

MÉTHODE

*Pour **résoudre une inéquation**, on utilise les règles de calculs sur les inégalités, afin de :*

– regrouper dans un même membre tous les termes contenant l'inconnue ;

– regrouper dans l'autre membre tous les termes numériques.

On est ramené à une inéquation de la forme $ax \leqslant b$ ou $ax \geqslant b$.

Exemple : $4x + 5 \geqslant 0$ donne $4x \geqslant -5$ puis $x \geqslant -\frac{5}{4}$.

L'inéquation a pour solutions les nombres x tels que : $x \geqslant -\frac{5}{4}$.

Représentation graphique : on trace un axe sur lequel on hachure les parties représentant les nombres qui **ne sont pas solutions.**

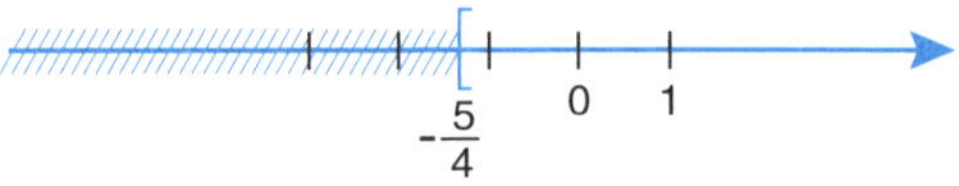

JE M'ENTRAÎNE...

exercice 4

a. Résoudre l'inéquation : $\frac{x+1}{3} - \frac{2x+1}{5} + \frac{x+4}{6} < \frac{x+8}{10}$.

b. Résoudre l'inéquation : $2x - 4(x-3) \leqslant 6\left(3 - \frac{x}{3}\right)$.

Solution p. 104

exercice 5

Les rémunérations mensuelles de trois ingénieurs commerciaux sont calculées de manière suivante :

– le représentant A perçoit uniquement une commission égale à 12 % des ventes mensuelles ;

– le représentant B perçoit un salaire mensuel fixe de 4 500 € et 8 % des ventes mensuelles ;

– le représentant C perçoit un salaire mensuel de 7 500 € et 6 % des ventes mensuelles.

On désigne par $f(x)$, $g(x)$ et $h(x)$ les rémunérations mensuelles respectives de ces représentants, exprimées en milliers d'euros, x étant le montant de ses ventes mensuelles, exprimé en milliers d'euros.

1 **Donner** l'expression de $f(x)$, $g(x)$ et $h(x)$.

2 **Calculer** les montants des ventes mensuelles correspondant à chacun des cas suivants :

a. les rémunérations de A et de B sont égales ;

b. la rémunération de A est supérieure ou égale à celle de C ;

c. la rémunération de C est inférieure ou égale à celle de B.

3 **Déterminer** les rémunérations correspondant aux trois cas d'égalité.

4 Dans quel ordre les trois rémunérations sont-elles rangées suivant le montant des ventes mensuelles réalisées ?

Solution p. 104

séance 3 SYSTÈMES D'INÉQUATIONS À UNE INCONNUE

JE RÉVISE...

Inéquations simultanées

Un système tel que : $\begin{cases} 2x+1>0 \\ -3x+4>0 \end{cases}$ comporte deux inéquations d'une **même inconnue x :** on parle d'**inéquations simultanées.**

Résoudre un système de deux inéquations à une inconnue, c'est déterminer l'ensemble des valeurs de x vérifiant **l'une et l'autre** des inéquations.
Tout nombre x de cet ensemble est une **solution** de ce système.

Résolution d'un système d'inéquations

MÉTHODE
*Pour **résoudre un système de deux inéquations à une inconnue :***
– on résout séparément les deux inéquations ;
– on détermine ensuite, parmi les solutions trouvées, celles qui vérifient à la fois les deux inéquations.

Exemple 1 : $\begin{cases} 2x+1>0 & (1) \\ -3x+4>0 & (2) \end{cases}$

L'inéquation (1) a pour solutions les nombres x tels que : $x > \frac{1}{2}$.

L'inéquation (2) a pour solutions les nombres x tels que : $x < \frac{4}{3}$.

Le système admet donc pour solutions les nombres x tels que : $\mathbf{\frac{1}{2} < x < \frac{4}{3}}$.

Représentation graphique : on représente sur un axe les solutions de l'inéquation (1), puis celles de l'inéquation (2) :

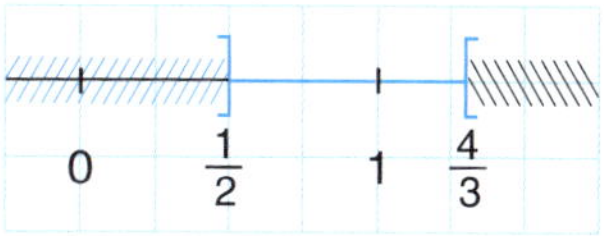

La partie **non hachurée** correspond aux nombres **solutions des deux inéquations.**

Exemple 2 : $\begin{cases} 2x-5<0 & (1) \\ 6x+4<0. & (2) \end{cases}$

Solutions de l'inéquation (1) : $x < \frac{5}{2}$.

Solutions de l'inéquation (2) : $x < -\frac{2}{3}$.

Solutions du système : $\mathbf{x < -\frac{2}{3}}$.

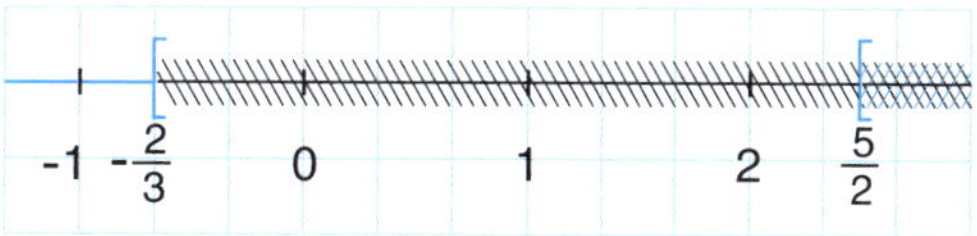

Exemple 3 : $\begin{cases} 2x - 5 > 0 & (1) \\ 6x + 4 < 0. & (2) \end{cases}$

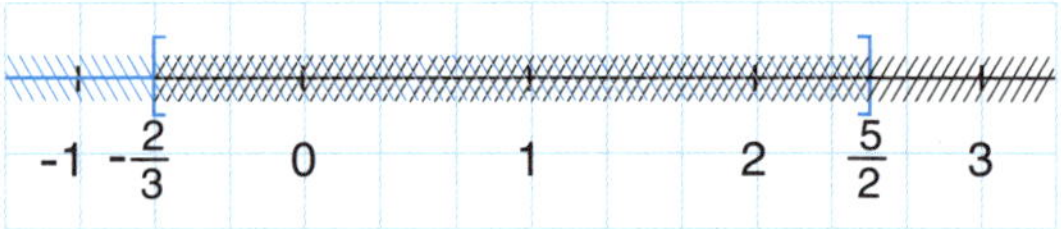

Solutions de l'inéquation (1) : $x > \frac{5}{2}$.

Solutions de l'inéquation (2) : $x < -\frac{2}{3}$.

Il n'existe aucun nombre à la fois inférieur à $-\frac{2}{3}$ et supérieur à $\frac{5}{2}$: le système n'a pas de solution.

JE M'ENTRAÎNE...

exercice 6

Résoudre les inéquations simultanées données, et **représenter** graphiquement l'ensemble des solutions.

$$\begin{cases} 4(x-3) - 2(x+1) < 0 \\ 2(x-4) - 5(x+1) \leqslant 0. \end{cases}$$

Solution p. 105

exercice 7

Résoudre les inéquations simultanées données, et **représenter** graphiquement l'ensemble des solutions.

$$\begin{cases} -3(x-5) + 4x > 4 \\ 4x - 5(2x-1) \leqslant 2x. \end{cases}$$

Solution p. 105

séance 4

PROBLÈMES SE RAMENANT À DES INÉQUATIONS

JE RÉVISE…

Certains problèmes « concrets » peuvent conduire à des inéquations ou des systèmes d'inéquations. La même méthode qu'au chapitre 5 est encore applicable ; nous la rappelons ici sans commentaires (on se reportera à ce chapitre pour le détail des quatre étapes).

MÉTHODE

1re étape : choisir les inconnues.

2e étape : mettre le problème en inéquation(s).

3e étape : résoudre la ou les inéquation(s) obtenue(s).

4e étape : discuter la solution.

JE M'ENTRAÎNE…

exercice 8

Soit $2p$ le périmètre, connu et exprimé en mètres, d'un champ rectangulaire ; on cherche ses dimensions x et y en mètres. On sait que si l'on augmentait x de 5 m et y de 3 m, l'aire du rectangle augmenterait de 515 m^2.

1 a. **Écrire** les deux équations liant x, y et p.

b. **En déduire** les égalités : $x = \dfrac{5p - 500}{2}$; $y = \dfrac{500 - 3p}{2}$.

2 Entre quelles valeurs doit-on choisir p pour que les valeurs correspondantes de x et y soient positives ?

3 On prend deux axes orthogonaux ; sur l'un, on porte les valeurs de p, sur l'autre les valeurs correspondantes de x et y.
Tracer, sur le même graphique, les droites représentant les variations de x et y en fonction de p (on se limitera aux valeurs de p trouvées à la question **2**).

4 Pour quelle valeur de p le champ serait-il carré ? **Donner** alors la valeur de x et de y. **Vérifier** graphiquement.

Solution p. 106

pour faire le point

Chercher les exercices sans connaître son cours, c'est perdre son temps. L'auto-test vous aide à faire le point sur vos connaissances : répondre « vrai » ou « faux » à chaque affirmation, puis se reporter aux solutions p. 224.

Auto-test

1. Quel que soit le nombre x non nul, on a l'inégalité $2x^2 < 3x^2$. (→ séance 1)

2. Quel que soit le nombre x non nul, on a l'inégalité $2x + 4 < 3x + 4$. (→ séance 1)

3. Quels que soient les nombres positifs a et b, on a l'inégalité $a + b \leqslant a + 2b$. (→ séance 1)

4. Les inéquations : $4x > 5$ et $0 < 5 - 4x$ ont les mêmes solutions. (→ séance 1)

5. Les inéquations : $7x > 3$ et $-7x < -3$ ont les mêmes solutions. (→ séance 1)

6. Les solutions de l'inéquation $3x + 6 > 0$ sont représentées par le graphique ci-contre. (→ séance 1)

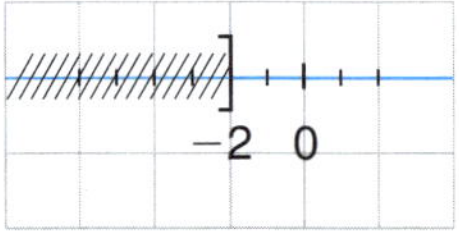

7. Les solutions du système $\begin{cases} 3 + x \geqslant 0 \\ 2x \geqslant 2 \end{cases}$ sont représentées par le graphique ci-contre. (→ séance 2)

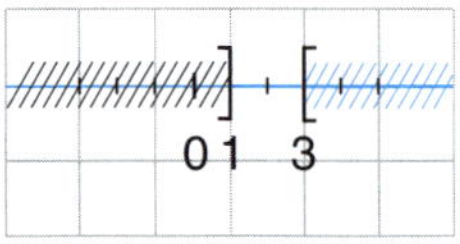

8. Le système : $\begin{cases} 1 - x \leqslant 0 \\ -2x \geqslant 0 \end{cases}$ n'admet aucune solution. (→ séance 2)

9. Le système : $\begin{cases} x + 2 \geqslant 0 \\ -3x - 3 \leqslant 0 \end{cases}$ admet tout nombre $x \geqslant -1$ pour solution. (→ séance 2)

10. Le système : $\begin{cases} x + y < 1 \\ x - y > 1 \end{cases}$ admet pour solutions les couples (x, y) tels que $x < 1$ et $y < 1$. (→ séance 3)

Réponses p. 224

solution 1

• 3 étant un nombre strictement positif, les nombres $3a$ et 6 sont dans le même ordre que les nombres a et 2. Donc : $3a > 6$.

• –1 est un nombre strictement négatif, les nombres $-a$ et -2 sont dans l'ordre inverse de a et 2. Donc : $-a < -2$.

• a étant un nombre strictement positif, les nombres a^2 et $2a$ sont dans le même ordre que a et 2. Donc $a^2 > 2a$. Mais 2 étant un nombre strictement positif, les nombres $2a$ et 4 sont dans le même ordre que a et 2. Donc $2a > 4$. En rapprochant les inégalités obtenues, on obtient : $a^2 > 4$.

solution 2

L'affirmation : « des nombres a et b non nuls sont toujours dans le même ordre que leurs inverses » est fausse. Par exemple, les nombres 2 et 4 sont dans l'ordre opposé de $\frac{1}{2}$ et $\frac{1}{4}$.

$$2 < 4 \quad \frac{1}{2} > \frac{1}{4}$$

L'affirmation : « des nombres a et b non nuls sont toujours dans l'ordre opposé de leurs inverses » est fausse. Par exemple, les nombres – 1 et 1, dont chacun est son propre inverse, sont évidemment dans le même ordre que leurs inverses !

solution 3

• 2 étant un nombre strictement positif, les nombres -4, $2a$ et -2 sont le même ordre que les nombres -2, a et -1. Donc $-4 < 2a < -2$.

• –1 est un nombre strictement négatif, les nombres $-(-2)$, $-a$ et $-(-1)$ sont dans l'ordre inverse de -2, a et 1. Donc : $2 > -a > 1$.

• a étant un nombre strictement négatif, des inégalités $-2 < a < -1$,
on déduit après multiplication par a : $-2a > a^2 > -a$;
mais aussi, après multiplication par -2 : $4 > -2a > 2$;
mais encore, après multiplication par -1 : $2 > -a > 1$;
et, en combinant ces inégalités : $4 > -2a > a^2 > -a > 1$;
nous extrayons les inégalités : $4 > a^2 > 1$.

• L'inégalité $a < -1$ montre que a est strictement négatif. Le nombre $-\frac{1}{a}$ est donc strictement positif et on déduit donc de cette inégalité : $-1 < \frac{1}{a}$.

De même, de l'inégalité $a > -2$, on déduit, après multiplication par le nombre $-\frac{1}{2a}$ strictement positif $-\frac{1}{2} > \frac{1}{a}$.

En rapprochant les résultats obtenus, on obtient : $-1 < \frac{1}{a} < -\frac{1}{2}$.

solution 4

a. Le plus simple est de réduire d'abord toutes ces fractions à un dénominateur commun : 30 est le plus petit.

Pour parvenir au même résultat, on peut aussi multiplier les deux membres par le nombre strictement positif 30.

On obtient ainsi : $10(x+1) - 6(2x+1) + 5(x+4) < 3(x+8)$

puis, en développant chaque terme : $10x + 10 - 12x - 6 + 5x + 20 < 3x + 24$

qui se réduit en : $3x + 24 < 3x + 24$.

Il n'est pas nécessaire d'aller plus loin pour voir qu'aucun nombre ne vérifie l'inéquation (ne pas oublier que le signe < signifie « strictement inférieur à »).

Cette inéquation n'a **pas de solution.**

b. Simplifions tout d'abord l'écriture de chaque membre :

1er membre :

$2x - 4(x-3) = 2x - 4x + 12$ (attention à la parenthèse précédée du signe –)

$= -2x + 12.$

2e membre : $6\left(3 - \frac{x}{3}\right) = 18 - 2x.$

L'inéquation est donc équivalente à : $-2x + 12 \leqslant 18 - 2x$.

Ajoutons $2x$ aux deux membres ; on obtient : $12 \leqslant 18$ qui est évidemment vérifiée quel que soit x : l'équation admet **tout nombre pour solution.**

solution 5

1 Soit x le montant correspondant aux ventes mensuelles (l'unité est le millier d'euros). Par définition, on peut écrire :

$$f(x) = \frac{12}{100}x, \quad g(x) = 4{,}50 + \frac{8}{100}x \quad \text{et} \quad h(x) = 7{,}50 + \frac{6}{100}x.$$

2 **a.** Les rémunérations de A et B sont égales lorsque $f(x) = g(x)$.

L'égalité : $f(x) = g(x)$ s'écrit $\frac{12}{100}x = \frac{8}{100}x + 4{,}5$ soit $\frac{4}{100}x = 4{,}5$ d'où $\mathbf{x = 112{,}5}$.

On peut vérifier que $0{,}12 \times 112{,}5 = 4{,}5 + 0{,}8 \times 112{,}5$.

b. La rémunération de A est supérieure ou égale à celle de C pour tous les x tels que : $f(x) \geqslant h(x)$.

L'inégalité : $f(x) \geqslant h(x)$ s'écrit $\frac{12}{100}x \geqslant \frac{6}{100}x + 7{,}5$ soit $\frac{6}{100}x \geqslant 7{,}5$ d'où $\mathbf{x \geqslant 125}$.

c. La rémunération de C est inférieure ou égale à celle de B lorsque $h(x) \leqslant g(x)$.

L'inégalité $h(x) \leqslant g(x)$ s'écrit encore $\frac{6}{100}x + 7{,}5 \leqslant \frac{8}{100}x + 4{,}5$

soit $3 \leqslant \frac{2}{100}x$ ou $\mathbf{x \geqslant 150}$.

3 On utilise la valeur de x calculée à la question précédente :

Pour le cas **a :** $x = 112{,}5$ d'où $y = \frac{12}{100}x = \mathbf{13{,}5}$.

Pour le cas **b :** $x = 125$ d'où $y = \frac{12}{100}x = \mathbf{15}$.

Pour le cas **c :** $x = 150$ d'où $y = \frac{6}{100}x + 7{,}5 = \mathbf{16{,}5}$.

4 On utilise les résultats précédents :

Pour $x \leqslant 112{,}5$, $\boldsymbol{f(x) \leqslant g(x) \leqslant h(x)}$.

Pour $112{,}5 \leqslant x \leqslant 125$, $\boldsymbol{g(x) \leqslant f(x) \leqslant h(x)}$.

Pour $125 \leqslant x \leqslant 150$, $\boldsymbol{g(x) \leqslant h(x) \leqslant f(x)}$.

Pour $x \geqslant 150$, $\boldsymbol{h(x) \leqslant g(x) \leqslant f(x)}$.

solution 6

La première inéquation s'écrit : $2x - 14 < 0$, et admet pour solutions les x tels que : $x < 7$.

La seconde inéquation s'écrit : $-3x - 13 \leqslant 0$, et admet pour solutions les x tels que : $x \geqslant -\frac{13}{3}$.

Le système admet donc pour solutions l'ensemble des nombres tels que :

$\boldsymbol{-\frac{13}{3} \leqslant x < 7}$.

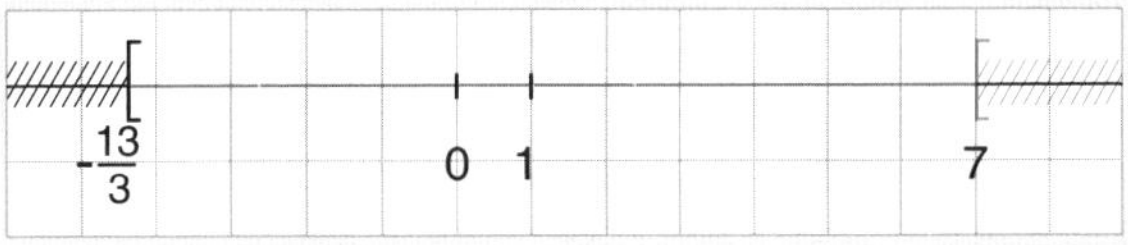

solution 7

La première inéquation s'écrit : $x + 11 > 0$, et admet pour solutions les x tels que : $x > -11$.

La seconde inéquation s'écrit : $-8x + 5 \leqslant 0$, et admet pour solutions les x tels que : $x \geqslant \frac{5}{8}$.

Le système admet donc pour solutions l'ensemble des x tels que : $\boldsymbol{x \geqslant \frac{5}{8}}$.

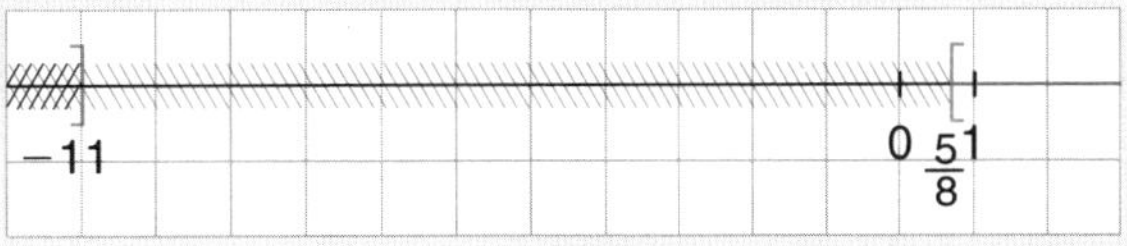

solution 8

1 a. Le périmètre étant $2p$, on a la relation : $\boldsymbol{x + y = p}$.
La seconde hypothèse se traduit par :
$(x + 5)(y + 3) = xy + 515$, c'est-à-dire : $\mathbf{3x + 5y = 500}$.

b. Le système : $\begin{cases} x + y = p \\ 3x + 5y = 500 \end{cases}$ peut être résolu par combinaisons.

Nous prenons les coefficients -3 et $+1$, puis 5 et -1 $\begin{cases} -3x - 3y + 3x + 5y = 500 - 3p \\ 5x + 5y - 3x - 5y = 5p - 500 \end{cases}$

ce qui s'écrit : $\begin{cases} 2y = 500 - 3p \\ 2x = 5p - 500 \end{cases}$ et enfin : $\boldsymbol{x = \dfrac{5p - 500}{2}}$ et $\boldsymbol{y = \dfrac{500 - 3p}{2}}$.

2 La solution du système trouvée à la question 1 ne convient au problème posé que si x et y sont positifs.

On doit donc choisir p de sorte que : $\begin{cases} 5p - 500 \geqslant 0 \\ 500 - 3p \geqslant 0 \end{cases}$ soit : $\boldsymbol{100 \leqslant p \leqslant \dfrac{500}{3}}$.

3 Les droites représentant x et y ont pour équations respectives :
$x = \dfrac{5p - 500}{2}$ et $y = \dfrac{500 - 3p}{2}$, et sont limitées aux points tels que : $100 \leqslant p \leqslant \dfrac{500}{3}$.

4 Le champ est carré si $x = y$.
La valeur de p correspondante est donc telle que :

$$\frac{5p - 500}{2} = \frac{500 - 3p}{2}$$

soit : $5p + 3p = 500 + 500$

d'où $p = \dfrac{1\,000}{8} = 125$.

Alors $\boldsymbol{x = y = \dfrac{125}{2}}$.

On retrouve ce résultat graphiquement : le point cherché se trouve à l'intersection des deux représentations : pour ce point, $x = y$.

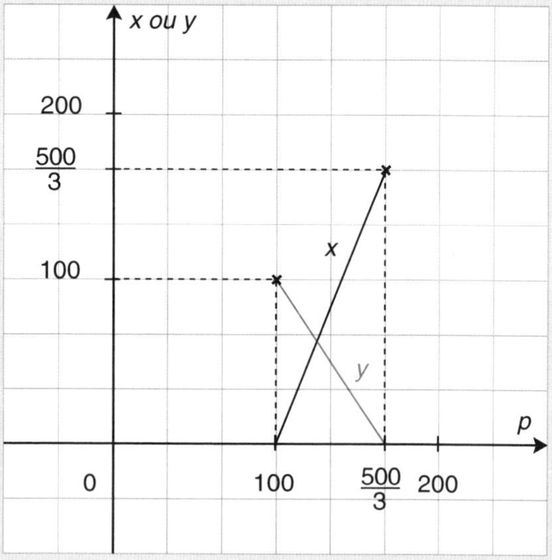

CHAPITRE 8

Statistique

Ce n'est pas seulement dans le cours de mathématiques que des données statistiques sont présentes. Mais, partout, la même difficulté de lecture se présente : des tableaux de nombres sont peu « parlants »...
Le premier travail statistique consiste à ordonner ces nombres, à les représenter graphiquement, comme nous avons commencé à le faire en 4e.
Il y a ensuite à « résumer » par un seul nombre cette série de nombres, en sorte d'en tirer une conclusion : tel élève sera reçu ou non, telle entreprise paye mieux que telle autre... Nous connaissons un exemple de tel résumé : la moyenne, étudiée en 4e. Nous allons ici en rencontrer d'autres.

Sommaire

Prévoir, pour la quinzaine à venir, quatre séances de travail d'environ une demi-heure, et les inscrire dans votre agenda.

séance 1 REPRÉSENTATIONS GRAPHIQUES

JE RÉVISE...

Une série statistique est donnée par les effectifs correspondant à chaque valeur du caractère, appelée aussi modalité. Ces effectifs, ou les fréquences correspondantes, peuvent être représentés par des diagrammes.

Effectifs et fréquences

L'**effectif** d'un caractère est le **nombre d'éléments** de la population correspondant à ce caractère.
La **fréquence relative** d'un caractère est le **rapport** de l'effectif correspondant à l'effectif total.

Les fréquences sont souvent représentées sous forme de pourcentage.

Exemple : répartition des élèves d'un collège en fonction de la classe qu'ils fréquentent :

Caractères	Sixième	Cinquième	Quatrième	Troisième	**Total**
Effectifs	140	155	104	101	500
Fréquences	$\frac{140}{500}=0,28$ 28 %	$\frac{155}{500}=0,31$ 31 %	$\frac{104}{500}=0,208$ 20,8 %	$\frac{101}{500}=0,202$ 20,2 %	**1** **100 %**

La somme des fréquences relatives aux différents caractères est égale à 100 %.

→ ***Remarque*** : si le tableau des effectifs est donné, la définition permet toujours de calculer le tableau des fréquences.

Inversement, si l'on donne le tableau des fréquences, on peut reconstituer le tableau des effectifs, à condition de connaître **l'effectif total** de la série.

Graphiques cartésiens

Pour des caractères **quantitatifs**, on peut utiliser un système d'axes.

Dans un graphique cartésien, on porte :
- **en abscisse, les valeurs** du caractère ;
- **en ordonnée, les effectifs** (ou les fréquences) correspondant(e)s

La ligne polygonale obtenue en joignant les points représentatifs par des segments de droites s'appelle le **polygone des effectifs** (ou des fréquences). Seuls ses sommets ont une interprétation.

Exemple : l'âge des 23 élèves de la classe de 3e 2 est indiqué par le tableau ci-contre :

Âge	Effectif
13 ans	1
14 ans	7
15 ans	10
16 ans	4
17 ans	1

Le graphique cartésien correspondant est représenté ci-contre :

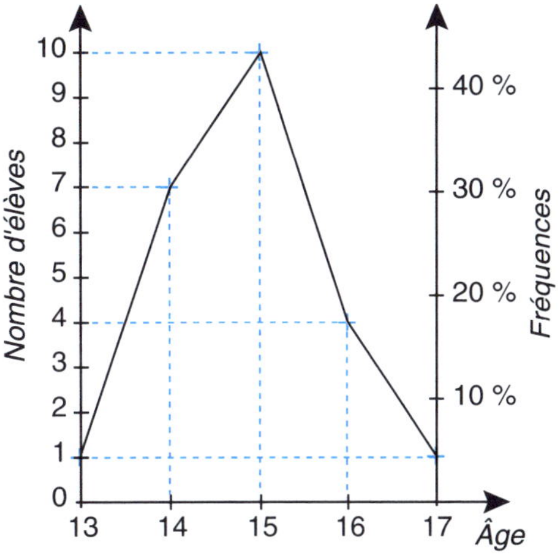

→ ***Remarque :*** on peut représenter la série des **effectifs** et celle des **fréquences sur un même graphique.**

Il suffit de tracer deux échelles, l'une à gauche du schéma, graduée en effectifs, l'autre à droite, graduée en fréquences.

JE M'ENTRAÎNE...

exercice 1

Les résultats statistiques concernant les notes de mathématiques à un devoir sont rassemblés dans le tableau suivant :

Note	4	8	12	16	20	Total
Effectifs	2	7	10	8	3	30

1 **Représenter** ces résultats par un graphique cartésien (*notes en abscisses*).

2 **Compléter** le tableau par la série des fréquences.

Solution p. 118

séance 2 CARACTÉRISTIQUE DE POSITION : LA MOYENNE

JE RÉVISE...

Définition

La **moyenne arithmétique** d'une série de *n* nombres est égale au **quotient** par *n* de leur somme.

Exemple : on a relevé le nombre de pages de cinq livres de mathématiques :
376 336 384 400 376

La moyenne de cette série est : $m = \frac{376 + 336 + 384 + 400 + 376}{5} = \frac{1\,872}{5} = 374{,}4.$

Utilisation de la calculatrice

La touche $\overline{x}$ des calculatrices permet un calcul direct de la moyenne arithmétique :
– on entre successivement chacun des nombres de la série, en tapant STAT ou DATA (selon les modèles) ;
– on tape la touche $\overline{x}$.

→ ***Remarque :*** $\overline{x}$ se lit « x barre ». C'est la notation habituelle de la moyenne arithmétique en mathématiques, lorsque la série de nombres est de la forme :
$x_1 \quad x_2 \quad x_3 \quad \dots \quad x_n$.

JE M'ENTRAÎNE...

exercice 2

Calculer la moyenne arithmétique de chacune des séries suivantes :
a. 3 5 7 2 3 7 9 4 6 8.
b. 6 –3 –4 8 6 –12 7 5 4 –17.

Solution p. 118

exercice 3

Quatre candidats à un examen ont respectivement obtenu les notes suivantes :

candidat n° 1 : 14 candidat n° 3 : 06
candidat n° 2 : 11 candidat n° 4 : 15.

1 **Calculer** la moyenne des notes obtenues par les quatre candidats.

2 **Déterminer** la note qu'aurait dû obtenir le candidat n° 3 pour que la moyenne des notes obtenues par les quatre candidats soit de 13 (on précise que les notes des trois autres candidats sont inchangées).

Solution p. 118

exercice 4

1 a. **Calculer** la moyenne de la série : $-3 \quad 0 \quad 1 \quad 1 \quad -1 \quad 2$.
b. **Écrire** la série de nombres obtenue en ajoutant 1 000 à chacun des nombres de la série précédente.
Calculer la moyenne de cette nouvelle série.

2 On reprend la série **a.** de l'exercice **2**, et on retranche 5,4 à chacun des nombres de cette série.
Écrire la série obtenue.
Peut-on deviner la moyenne de cette nouvelle série ?
Vérifier en la calculant effectivement.

Solution p. 118

séance 3 CARACTÉRISTIQUE DE LA POSITION : LA MÉDIANE

JE RÉVISE...

Effectifs cumulés

L'effectif **cumulé** correspondant à une valeur du caractère est la **somme** de l'effectif correspondant à cette valeur, et des effectifs correspondant à toutes les valeurs précédentes.

Le tableau des effectifs cumulés est donc construit par **additions successives**.

Exemple : nombre de logements d'une petite ville, en fonction du nombre de pièces :

Nombre de pièces (*valeur du caractère*)	**Nombre de logements** (*effectif*)	**Effectifs cumulés croissants**
1	3 462	3 462
2	+ 4 783	8 245
3	+ 980	= 9 225
4	411	9 636
5	364	10 000

→ ***Attention :*** on ne fait de cumuls que pour des valeurs numériques (on ne pourrait pas le faire pour des couleurs, par exemple). On peut les calculer par valeurs croissantes (c'est l'usage général) ou par valeurs décroissantes.

Fréquences cumulées

Les mêmes notions et les mêmes calculs sont applicables à la série des fréquences :

La **fréquence cumulée** correspondant à une valeur du caractère est la **somme** de la fréquence correspondant à cette valeur, et des fréquences correspondant à toutes les valeurs précédentes.

Graphiques cartésiens cumulés

Si on joint par des segments de droites les points représentatifs des effectifs cumulés, on obtient le **polygone des effectifs cumulés.**
On définit de même le polygone des fréquences cumulées.

Exemple : reprenons les données de la page 109 :

Âge des élèves de 3e 2	**Effectifs**	**Effectifs cumulés croissants**
13 ans	1	1
14 ans	7	8
15 ans	10	18
16 ans	4	22
17 ans	1	23

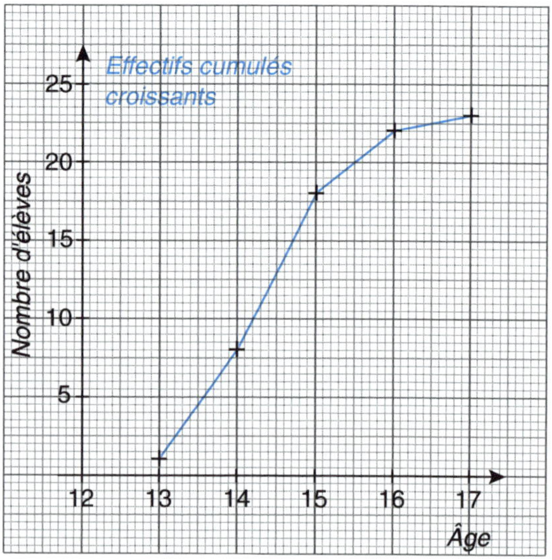

Notion de médiane

> Pour une série de **$2n$ nombres** rangés par ordre croissant, **la médiane** de la série est le **n-ième** de ces nombres.
> Pour une série de **$2n+1$ nombres** rangés par ordre croissant, **la médiane** de la série est **le $(n+1)$-ième** de ces nombres.

La médiane partage la série classée en deux parties pratiquement de même effectif.

Exemples : la médiane de la série : 1 4 9 16 25 36 49 64 81
est 25 ; en effet, quatre des nombres de la série sont strictement inférieurs à 25, et quatre sont strictement supérieurs.
De même, la médiane de la série suivante est 7 : 1 1 1 7 7 50 50 50.

→ ***Remarque*** : à partir du tableau des effectifs cumulés, on trouve la médiane en déterminant à partir de quelle valeur de x la moitié de l'effectif se trouve englobée.
En pratique, sur le graphique des effectifs cumulés, on trace la droite « horizontale » correspondant à la moitié de l'effectif global (ou : sur le graphique des fréquences cumulées, on trace la droite correspondant à la fréquence cumulée 0,5). Cette droite coupe le graphique en un point dont l'abscisse est la médiane cherchée.

Utilisation concrète
Dans certains cas pratiques, la médiane donne une idée de la tendance centrale d'une série de nombres plus « parlante » que la moyenne. Si une entreprise rassemble 100 collaborateurs payés aux environs du SMIC et un président qui perçoit à lui seul 100 fois ce SMIC, il n'est guère utile de noter que la moyenne des rémunérations est d'environ 1,5 SMIC ! Autrement dit :

> **La moyenne est très sensible** aux valeurs extrêmes.
> **La médiane est insensible** à ces mêmes valeurs extrêmes

Lorsqu'on fait une série de mesures physiques d'une même grandeur, une résistance électrique par exemple, les valeurs extrêmes peuvent résulter d'une erreur de manipulation, d'une panne, d'une erreur de lecture. La médiane est alors des plus utiles.

JE M'ENTRAÎNE...

exercice 5

Dans 800 points de vente, on a relevé le prix d'un même équipement informatique. La répartition est la suivante :

Prix (en euros)	Nombre d'observations	Fréquence
[3000 ; 3200[		7,5 %
[3200 ; 3400[		27,5 %
[3400 ; 3500[		26,25 %
[3500 ; 3600[		23,75 %
[3600 ; 3900[		

1 **Effectuer** les calculs permettant de compléter ce tableau (dernière ligne et deuxième colonne).

2 **Tracer** le diagramme des fréquences cumulées croissantes et déterminer la médiane.

Solution p. 119

exercice 6

On a relevé, dans une boulangerie, le nombre de gâteaux vendus en fonction du prix (tableau ci-dessous).

1 **Compléter** ce tableau par la série des effectifs cumulés croissants et celle des effectifs cumulés décroissants :

Prix (en €)	6	8	10	14	20
Quantité vendue	42	75	47	37	27
Effectif cumulé croissant					
Effectif cumulé décroissant					

2 **Tracer**, sur un même graphique, les polygones des effectifs cumulés croissants et décroissants.

3 **Donner** la médiane de la série.

Solution p. 120

séance 4 CARACTÉRISTIQUE DE DISPERSION

JE RÉVISE...

Notion d'étendue

La moyenne ne résume pas toujours toute l'information qu'on veut extraire d'une série statistique. Les deux séries ci-dessous, de même moyenne, semblent inégalement dispersées.

−2,4	−0,4	1,6	−3,4	−2,4	1,6	3,6	−1,4	0,6	2,6
6	−3	−4	8	6	−12	7	5	4	−17

On appelle **étendue** d'une série statistique la différence entre la plus grande et la plus petite de ses valeurs.

Exemples : La première série a pour étendue 3,6 – (–3,4) = 7.
La seconde série a pour étendue 8 – (–17) = 25.

Généralisations

Il arrive que les valeurs extrêmes d'une série statistique ne soient pas très significatives, ou qu'elles soient incertaines. C'est pourquoi on « tronque » parfois les extrémités d'une série avant d'en calculer l'étendue.

Exemples :
On peut omettre les 10 % les plus grandes, et les 10 % les plus petites, obtenant un intervalle qui contient 80 % des valeurs de la série, et qu'on appelle l'intervalle interdécile.

En pratique, et pour le cas de l'intervalle interdécile, on trace, sur le graphique des effectifs cumulés, les droites « horizontales » correspondant à 10 % et à 90 % de l'effectif global (ou : sur le graphique des fréquences cumulées, on trace les droites correspondant aux fréquences cumulées 0,1 et 0,9).

On peut omettre les 25 % les plus grandes, et les 25 % les plus petites, obtenant un intervalle qui contient 50 % des valeurs de la série.

Quartiles

Plus précisément, on peut déterminer entre la plus petite et la plus grande valeur d'une série statistique :

– une valeur q_1 qui dépasse le quart des valeurs de la série (et qui est inférieure aux trois quarts des valeurs de la série) ;

– une valeur q_2 qui dépasse la moitié des valeurs de la série (et qui est inférieure à la moitié des valeurs de la série) ;

– une valeur q_3 qui dépasse les trois quarts des valeurs de la série (et qui est inférieure au quart des valeurs de la série).

On les appelle les **quartiles** : q_1 est le premier quartile, q_2 est le deuxième, q_3 est le troisième quartile). Bien sûr, q_2 n'est autre que la médiane.

La différence $q_3 - q_1$, appelée intervalle interquartile est aussi une mesure de la dispersion, qui sera étudiée dans les classes ultérieures.

JE M'ENTRAÎNE...

exercice 7

Une variable statistique prend les valeurs entières de 0 à 99.

La valeur n est prise $f(n)$ fois, avec :
pour $n < 10$ $\quad f(n) = n$,
pour $10 \leqslant n < 90$ $\quad f(n) = 1$,
pour $90 \leqslant n$ $\quad f(n) = 100 - n$.

1 **Calculer** le nombre de fois où une valeur strictement inférieure à 10 est prise.

2 **Calculer** le nombre de fois où une valeur strictement supérieure à 89 est prise.

3 **Calculer** l'effectif total de la série.

4 **Déterminer :**
– l'étendue ;
– l'intervalle interquartile ;
– l'intervalle interdécile.

Solution p. 121

pour faire le point

Chercher les exercices sans connaître son cours, c'est perdre son temps. L'auto-test vous aide à faire le point sur vos connaissances : répondre « vrai » ou « faux » à chaque affirmation, puis se reporter aux solutions p. 225.

Auto-test

1. Une fréquence est un nombre entier. (→ séance 3)

2. La somme des fréquences relatives aux diverses modalités est égale à 100 %. (→ séance 3)

3. La moyenne arithmétique d'une série de n nombres est égale au quotient par n de leur somme. (→ séance 1)

4. Si toutes les valeurs d'une série statistique sont égales, la moyenne est nulle. (→ séance 2)

5. Lorsqu'on étudie le nombre de candidats à un examen selon la langue choisie, on peut construire un tableau des effectifs cumulés. (→ séance 4)

6. La somme des fréquences cumulées correspondant à toutes les valeurs du caractère est égale à 100 %. (→ séance 4)

7. À partir du polygone des fréquences cumulées, on peut toujours reconstituer la série des fréquences. (→ séance 4)

8. À partir de la série des fréquences, on peut toujours reconstituer la série des effectifs. (→ séance 3)

9. La médiane de la série : 1 3 4 7 9 10 20 est égale à 10. (→ séance 3)

10. L'intervalle interquartile d'une série statistique contient la moitié des valeurs de cette série. (→ séance 4)

Réponses p. 225

SOLUTIONS DES exercices

solution 1

1 Voir figure ci-contre.

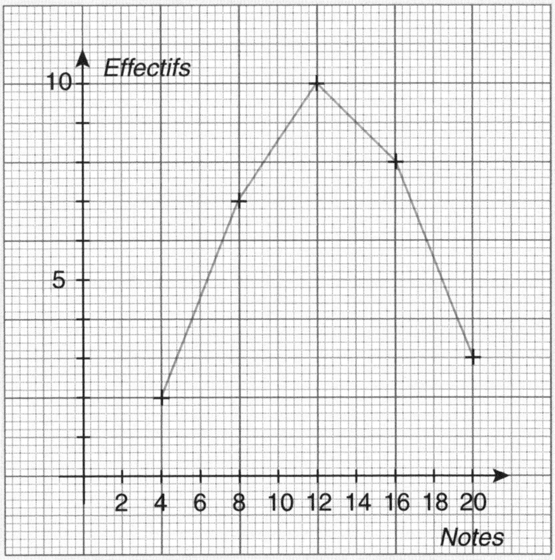

2 La série des fréquences s'obtient en divisant chaque effectif par l'effectif total, 30, et en arrondissant au centième ; les nombres obtenus sont :

Note	Fréquence
4	7 %
8	23 %
12	33 %
16	27 %
20	10 %

solution 2

a. $3 + 5 + 7 + 2 + 3 + 7 + 9 + 4 + 6 + 8 = 54$.
Il y a 10 nombres dans la série, donc $m = \frac{54}{10} = \mathbf{5{,}4}$.

b. $6 - 3 - 4 + 8 + 6 - 12 + 7 + 5 + 4 - 17 = 0$.
Donc $\boldsymbol{m = 0}$.

solution 3

1 La moyenne demandée s'obtient en divisant par 4 la somme des notes ; c'est donc :

$$m = \frac{14 + 11 + 6 + 15}{4} = \mathbf{11{,}5}.$$

2 Pour que la moyenne des quatre notes soit 13, le total des notes doit être de 4×13, soit 52.
Comme les trois notes inchangées ont pour somme : $14 + 11 + 15 = 40$,
la note du candidat n° 3 doit être : $52 - 40 = \mathbf{12}$.

solution 4

1 a. La moyenne de la première série est **nulle.**
b. On obtient la série : 997 1 000 1 001 1 001 999 1 002.
Sa moyenne vaut **1 000.**

2 On retranche 5,4 à chacun des nombres de la série indiquée, obtenant ainsi :

$-2{,}4 \quad -0{,}4 \quad 1{,}6 \quad -3{,}4 \quad -2{,}4 \quad 1{,}6 \quad 3{,}6 \quad -1{,}4 \quad 0{,}6 \quad 2{,}6$

La moyenne de cette nouvelle série est obtenue, soit directement, soit en retranchant 5,4 à la moyenne de l'ancienne série, et on trouve alors 0.

solution 5

1 La fréquence à écrire sur la dernière ligne est telle que la somme des fréquences est 100 %. On trouve ainsi 15 %.

La colonne « nombre d'observations » s'obtient alors en appliquant les pourcentages indiqués à l'effectif total de 800.

On trouve ainsi :

Prix	Nombre d'observations	Fréquence
[3000 ; 3200[	60	7,5 %
[3200 ; 3400[	220	27,5 %
[3400 ; 3500[	210	26,25 %
[3500 ; 3600[	190	23,75 %
[3600 ; 3900[	120	15 %

2 Le tableau des fréquences cumulées est :

Centre de classe	Fréquence	Fréquence cumulée
3100	7,5 %	7,5 %
3300	27,5 %	35 %
3450	26,25 %	61,25 %
3550	23,75 %	85 %
3750	15 %	100 %

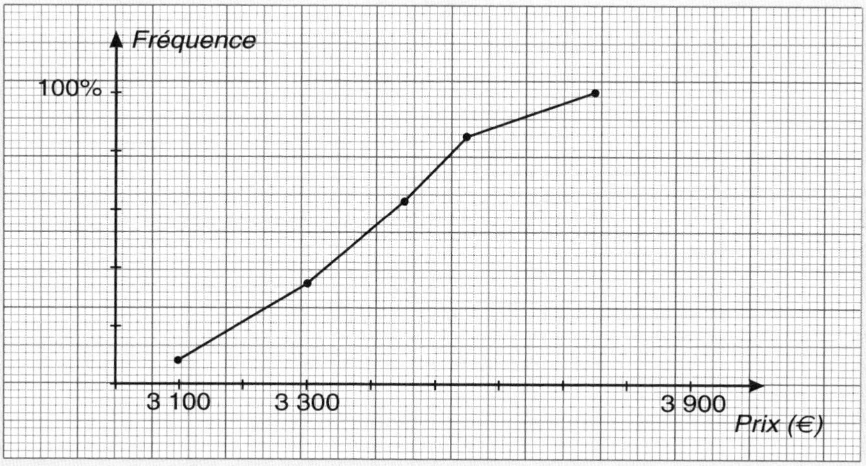

Graphiquement, la médiane est trouvée aux alentours de 3400.

→ ***Remarque :*** *dans le cas d'une série ainsi présentée en classes, on raisonne souvent par proportionnalité.*

L'examen direct du tableau montre d'abord que la médiane est située dans la tranche [3 400 ; 3 500[.

L'effectif cumulé correspondant à 3 400 est 280.

Avec 210 éléments de plus, on passe à 3 500, soit un prix augmenté de 100.

On considère alors que, avec 120 éléments de plus (pour aller de 280 à 400, moitié de l'effectif total), le prix est augmenté de $\frac{120}{210} \times 100$, soit environ 59.

On prend alors pour médiane 3 459.

On s'aperçoit ainsi que le groupement aux centres des classes induit une erreur sensible dans la détermination de la médiane.

solution 6

1 On complète le tableau par les lignes d'effectifs cumulés, en procédant par additions successives.

Prix (en €)	6	8	10	14	20
Quantité vendue	42	75	47	37	27
Effectif cumulé croissant	42	117	164	201	228
Effectif cumulé décroissant	228	186	111	60	27

2 Les polygones des effectifs cumulés croissants et décroissants s'en déduisent :

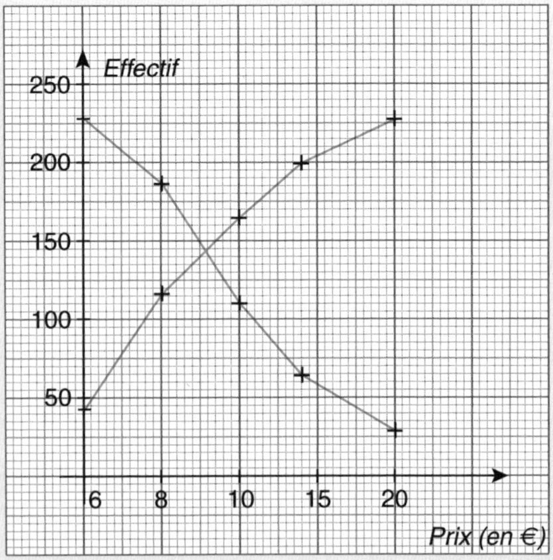

3 La série comporte 228 nombres.

La médiane est celui qui occupe le 114e rang dans la série classée en ordre croissant.

Or, les rangs 43 à 117 sont occupés par des prix égaux à 8 € ;

la médiane est donc égale à 8.

solution 7

1 Nombre de fois où une valeur strictement inférieure à 10 est prise :
$1 + 2 + 3 + 4 + 5 + 6 + 7 + 8 + 9 = 45$.

2 Nombre de fois où une valeur strictement supérieure à 89 est prise :
$(100 - 90) + (100 - 91) + \ldots + (100 - 99)$
$= 10 + 9 + 8 + 7 + 6 + 5 + 4 + 3 + 2 + 1 = 55$.

3 Comme il existe 80 autres valeurs, prises une fois chacune, l'effectif total de la série est : $45 + 80 + 55 = 180$.

4 – L'étendue est $99 - 1 = 98$ (en effet, la valeur 0 n'est pas prise).

– L'intervalle interquartile $[a\ ;\ b]$ est tel que 25 % de l'effectif total (soit 45) ont une valeur supérieure à a et 25 % ont une valeur supérieure à b.

– Pour déterminer l'intervalle interquartile, on note que :

• les valeurs au plus égales à 9 sont prises 45 fois,

• les valeurs au moins égales à 91 sont prises 45 fois.
L'intervalle interquartile est donc $91 - 9 = 82$.

– Pour déterminer l'intervalle interdécile, on procède de même avec 10 % de l'effectif, soit 18 ; on note que :

• les valeurs au plus égales à 5 sont prises 15 fois (et les valeurs au plus égales à 6 sont prises 21 fois),

• les valeurs au moins égales à 95 sont prises 15 fois (et les valeurs au moins égales à 94 sont prises 21 fois).
On peut donc prendre pour intervalle interdécile $95 - 5 = 90$, en sachant que c'est une approximation par excès, car on écarte de chaque côté seulement quinze valeurs extrêmes, alors qu'il aurait fallu en écarter 18 (10 % de l'effectif total, 180).

CHAPITRE 9

Probabilités

La probabilité est une évaluation de la vraisemblance d'un événement. « Je serai reçue au Brevet avec une probabilité 0,8 » exprime le sentiment de confiance que j'ai en mon succès ; on peut dire de façon équivalente
J'ai huit chances sur 10 d'être reçue…
J'ai 80 % de chances d'être reçue…
En mathématiques l'étude des probabilités est un sujet de grande importance donnant lieu à de nombreuses applications. L'étude scientifique des probabilités est relativement récente dans l'histoire des mathématiques. Elle a connu de nombreux développements au cours des trois derniers siècles en partie grâce à l'intérêt que suscitait l'étude des jeux de hasard.

Sommaire

Prévoir, pour la quinzaine à venir, quatre séances de travail d'environ une demi-heure, et les inscrire dans votre agenda.

séance 1 VOCABULAIRE DE BASE

JE RÉVISE...

Notions d'événement

Quand on jette un dé cubique, un nombre de points apparaît sur la face supérieure : 1, 2, 3, 4, 5 ou 6. On dit que ce sont des **événements élémentaires**.

Exemples : pour faire des paris, on peut s'intéresser à ces événements élémentaires : *je parie que le 4 va sortir,* ou à des événements en rassemblant plusieurs : *je parie qu'un nombre pair va sortir,* c'est-à-dire que le 2, le 4 ou le 6 va sortir.

Souvent, on note un événement en donnant la liste des événements élémentaires qui le constituent.

Exemples dans le cas d'un dé :
{2, 4, 6} dénote l'événement « obtention d'un point pair ».
{1, 2, 3, 4, 5} dénote l'obtention d'un point autre que le six.

Probabilité d'un événement

Une expérience est dite **aléatoire** si elle a plusieurs résultats possibles (on dit aussi : issues possibles). Un résultat E ne peut pas être prévu avec certitude.

Le degré de confiance qu'un observateur peut avoir en la réalisation d'une issue, appelé probabilité de cette issue, peut s'exprimer par :
– une fraction : il y a une chance sur 3 pour que …
– une fraction décimale : il y a 8 chances sur 10 pour que… , ou, en centièmes : il y a 80 % de chances pour que…
– un nombre décimal : il y a une probabilité 0,8 pour que …

Ce nombre est naturellement compris entre 0 et 1 : il n'y a rien de plus sûr qu'une issue qui a 100 % de chances de se réaliser !

On note : $p(\text{E}) = x$ et on lit : « p de E est égale à x ».
$0 \leqslant p(\text{E}) \leqslant 1$

Événements particuliers

Un événement qui se produit à coup sûr est appelé **événement certain : $p(E) = 1$**.
Un événement qui ne se produit jamais est appelé **événement impossible : $p(E) = 0$**.

Très fréquemment, dans un exercice de probabilité, il est sous-entendu une sorte de symétrie physique qui assure que tous les événements élémentaires ont la même probabilité.

Certains énoncés insistent sur ce point en précisant :

– on jette un dé cubique **parfait ;**
– on lance une pièce **parfaitement symétrique ;**
– on tire une carte d'un jeu **bien battu ;**
– on pioche dans une boîte contenant des jetons **indiscernables** au toucher.

JE M'ENTRAÎNE...

exercice 1

On jette un dé cubique.

1 **Donner** la liste des événements élémentaires.

2 **Préciser** les événements élémentaires constituant les événements suivants :
a. obtenir un point pair ;
b. obtenir un multiple de 3 ;
c. obtenir un multiple de 5.

3 **Donner** la liste des événements élémentaires constituant un événement certain.

Solution p. 132

exercice 2

On jette un dé cubique parfait.

Calculer la probabilité de chacun des événements suivants :
a. obtenir un 4 ;
b. obtenir un 3 ;
c. obtenir un nombre compris entre 1 et 6.

Solution p. 132

séance 2
CALCUL DE PROBABILITÉS

JE RÉVISE...

Représentation

On peut représenter l'ensemble des issues d'une expérience par un **arbre des possibilités.**

Exemple : un dé cubique a 6 faces. L'arbre correspondant est :

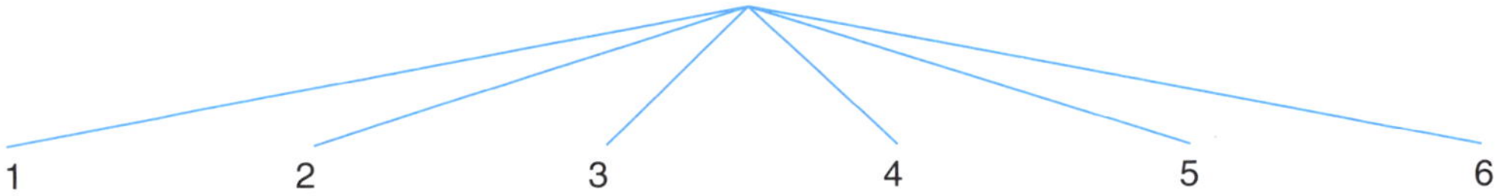

Cette représentation facilite le calcul, surtout dans les cas de symétries évoquées à la séance 1.
Lorsque toutes les issues possibles semblent également vraisemblables, la probabilité d'un ensemble d'issues E est calculée par le quotient :

$$p(\text{E}) = \frac{\text{nombre de cas favorables}}{\text{nombre de cas possibles}}$$

Exemple : les cas possibles sont les apparitions d'un 1, d'un 2, d'un 3, d'un 4, d'un 5 ou d'un 6, soit six cas possibles.
On veut parier sur la sortie d'un point pair. Les cas favorables sont l'apparition d'un 2, ou d'un 4, ou d'un 6. Il y en a trois. La probabilité est donc 3/6, soit 0,5.

Détermination expérimentale d'une probabilité

Si on répète une expérience un grand nombre de fois, la fréquence de réalisation d'une issue (la « fréquence de succès ») E se rapproche de la probabilité de cette issue.

Exemple : si on jette 1 000 fois une pièce parfaite, la fréquence du nombre de « face » obtenu est proche de 0,5.

JE M'ENTRAÎNE...

exercice 3

Dans une boîte, on pioche un jeton parmi 6 jetons dont les numéros sont respectivement 1, 2, 2, 3, 3, 3.

1 **Construire** un arbre des possibilités.

2 **Calculer** la probabilité de tirer un 3.

3 **Calculer** la probabilité de tirer un nombre impair.

Solution p. 132

exercice 4

Dans un jeu de 32 cartes, on tire une carte au hasard.

1 Quelle est la probabilité d'avoir un cœur ?

2 Quelle est la probabilité d'avoir un as ?

Solution p. 133

séance 3 RELATIONS ENTRE ÉVÉNEMENTS

JE RÉVISE...

Événements incompatibles

Deux événements sont dits incompatibles s'ils ne peuvent pas se réaliser en même temps.

Exemple : lorsqu'on jette un dé, les événements :
– obtenir un point pair ;
– obtenir un 5 ;
sont incompatibles.

La règle des probabilités totales

Soient A et B deux événements incompatibles. L'événement C considéré comme réalisé si A ou B l'est, a pour probabilité

$$p(\text{A ou B}) = p(\text{A}) + p(\text{B})$$

Exemple : soit A l'événement « tirer un cœur d'un jeu de 52 cartes » et B l'événement « tirer un carreau d'un jeu de 52 cartes ». Ces deux événements ont pour probabilité :

$$p(\mathrm{A}) = p(\mathrm{B}) = \frac{13}{52} = \frac{1}{4}$$

L'événement C « tirer un cœur ou un carreau » a pour probabilité

$$\frac{1}{4} + \frac{1}{4} = \frac{1}{2}$$

(On pouvait le voir directement : l'événement C est le tirage d'une carte rouge, et il y a 26 cas favorables sur les 52 tirages possibles :

$$p(\mathrm{C}) = \frac{26}{52} = \frac{1}{2}$$

Événements contraires

> **L'événement contraire** d'un événement E est celui qui se réalise lorsque E ne se réalise pas. On le note (non E). On peut aussi l'écrire $\overline{\mathrm{E}}$:

Un événement et son contraire sont naturellement incompatibles.

Comme un événement E ne peut que se réaliser ou ne pas se réaliser alors :

$$p(\mathrm{E}) + p(\text{non E}) = p(\mathrm{E} \text{ ou } \overline{\mathrm{E}}) = 1$$

Si un événement a une probabilité p, son contraire à la probabilité $1 - p$.

JE M'ENTRAÎNE...

exercice 5

Parmi les couples suivants d'événements relatifs au jet d'un dé, lesquels sont incompatibles ?

a. $\{1, 2\}$ et $\{4, 6\}$;

b. $\{1, 3\}$ et $\{3, 4\}$;

c. $\{1, 2, 3\}$ et $\{6\}$;

d. $\{1, 2, 3, 6\}$ et $\{4, 5, 6\}$.

Solution p. 133

exercice 6

1 On donne des événements incompatibles A et B de probabilités respectives 0,5 et 0,25. Quelle est la probabilité de l'événement (A ou B) ?

2 Même question mais là on suppose $p(\mathrm{A}) = 0{,}75$ et $p(\mathrm{B}) = 0{,}25$.

3 Que peut-on dire si $p(\mathrm{A}) = 0{,}8$ et $p(\mathrm{B}) = 0{,}3$?

Solution p. 133

exercice 7

Un dé a été trafiqué de telle sorte que les faces paires aient deux fois plus de chances de sortir que les faces impaires. On lance ce dé une fois.

1 Quelle est la probabilité d'obtenir un 2 ?

2 Quelle est la probabilité d'obtenir un 3 ?

3 Quelle est la probabilité d'obtenir une face paire ?

Solution p. 134

séance 4 ÉPREUVES RÉPÉTÉES

JE RÉVISE...

Règle de multiplication

Dans un arbre de probabilités, une succession de branches est appelée un chemin. La probabilité de l'issue auquel conduit un chemin est égale au produit des probabilités rencontrées le long de ce chemin.

Exemple : un sac contient 2 boules rouges et 3 boules bleues. On tire une boule du sac, on note sa couleur puis on la remet dans le sac. On tire alors une seconde boule du sac.

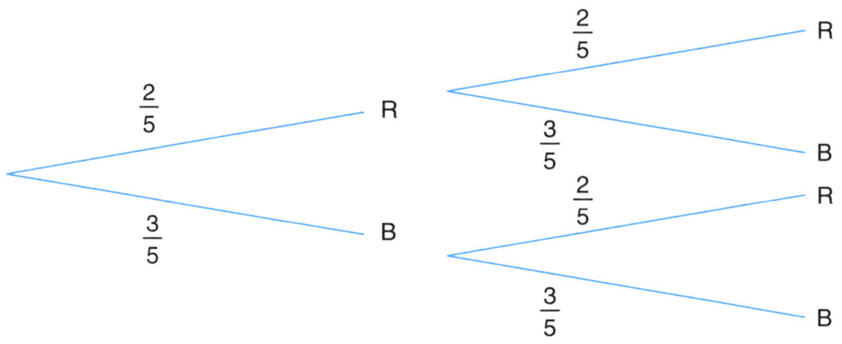

La probabilité d'avoir une rouge, puis encore une rouge est :

$$p(\text{RR}) = \frac{2}{5} \times \frac{2}{5} = \frac{4}{25}.$$

JE M'ENTRAÎNE...

exercice 8

Une classe de 3e comporte 12 filles et 10 garçons.

50 % des filles et 80 % des garçons mangent à la cantine.

1 Faire un tableau des possibilités.

2 On interroge au hasard un garçon. Quelle est la probabilité qu'il ne mange pas à la cantine ?

3 On choisi un nom au hasard dans la liste des élèves. Quelle est la probabilité que ce soit un garçon qui mange à la cantine ?

Solution p. 134

exercice 9

Dans un groupe de 80 élèves de 3e, 60 apprennent l'anglais, 30 apprennent l'espagnol, 20 apprennent les deux langues.

1 Combien d'élèves n'apprennent que l'anglais ? Combien n'apprennent que l'espagnol ?

On tire un élève au hasard.

2 Quelle est la probabilité que cet élève apprenne l'anglais ?

3 Quelle est la probabilité que cet élève n'apprenne aucune des deux langues ?

4 Quelle est la probabilité que cet élève apprenne au moins l'une des langues ?

Solution p. 134

pour faire le point

Chercher les exercices sans connaître son cours, c'est perdre son temps. L'auto-test vous aide à faire le point sur vos connaissances : répondre « vrai » ou « faux » à chaque affirmation, puis se reporter aux solutions p. 225.

Auto-test

1. Si un sac contient 4 boules, la probabilité d'une issue est égale à 4. (→ séance 1)

2. Un événement a une probabilité de 0,4. L'événement contraire a pour probabilité 0,6. (→ séance 3)

3. Un événement est impossible. Sa probabilité est 1. (→ séance 1)

4. A et B sont incompatibles. $p(\text{A}) = 0{,}3$ et $p(\text{B}) = 0{,}6$. Alors $p(\text{A ou B}) = 0{,}5$. (→ séance 3)

5. Dans un jeu de 32 cartes on tire deux cartes au hasard. La probabilité d'avoir un cœur est 0,125. (→ séance 4)

6. Sur une grille de Sudoku, chaque carré contient les chiffres de 1 à 9. On pose un jeton au hasard. La probabilité de poser le jeton sur un numéro supérieur ou égal à 7 est $\frac{1}{3}$. (→ séance 2)

7. On place les lettres du mot ANANAS dans un sac et on tire une lettre au hasard. La probabilité de tirer un A est 0,5. (→ séance 2)

8. On lance deux dés cubiques. La probabilité pour que la somme des points soit égale à 4 est égale à $\frac{1}{9}$. (→ séance 4)

9. On tire deux fois à pile ou face. La probabilité d'avoir deux « face » est de $\frac{1}{4}$. (→ séance 4)

10. On tire une carte au hasard dans un jeu de 32 cartes. La probabilité d'avoir le roi de cœur est $\frac{1}{32}$. (→ séance 2)

Réponses p. 225

SOLUTIONS DES *exercices*

solution 1

1 Les événements élémentaires sont les différents résultats qu'on observe sur le dé, soit : **1 2 3 4 5 6.**

2

Événements	Constituants
Obtenir un point pair	2 4 6
Obtenir un multiple de 3	3 6
Obtenir un multiple de 5	5

3 Les événements élémentaires constituant un événement certain sont tous les résultats possibles, soit : **1 2 3 4 5 6.**

solution 2

Tous les événements élémentaires ont la même probabilité : il y en a six, et cette probabilité est donc **1/6**.

Alors :

a. Obtenir un 4 a pour probabilité **1/6.**

b. Obtenir un 3 a pour probabilité **1/6**.

c. Obtenir un nombre compris entre 1 et 6 est un événement certain, il a pour **probabilité 1.**

solution 3

1

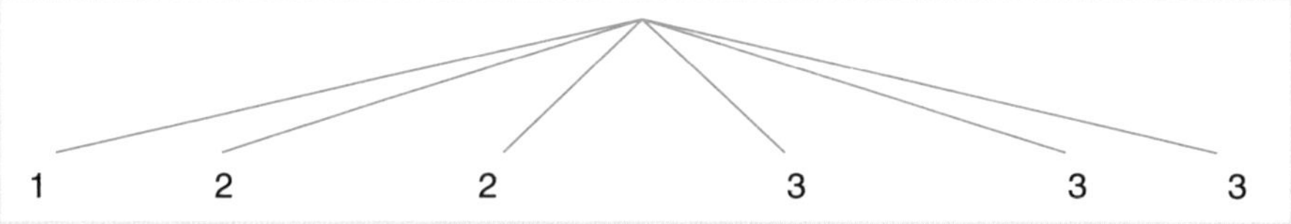

2 La probabilité de tirer un 3 est $\boldsymbol{p(3)} = \frac{3}{6} = \mathbf{0{,}5}$.

3 La probabilité de tirer un 1 est $p(1) = \frac{1}{6}$; la probabilité de tirer un nombre impair est $\frac{4}{6} = \mathbf{\frac{2}{3}}$.

solution 4

1 Dans un jeu de 32 cartes il y a 8 cœurs, 8 carreaux, 8 piques et 8 trèfles. La probabilité d'avoir un cœur est $p(\text{cœur}) = \frac{8}{32} = \mathbf{0{,}25}$.

2 Dans un jeu de s, il y a 4 as. La probabilité d'avoir un as est :

$\boldsymbol{p}\textbf{(as)} = \frac{4}{32} = \mathbf{0{,}125}$.

solution 5

a. Le couple donné est formé de deux événements **incompatibles**.

b. Ces événements **ne sont pas incompatibles** ; si on obtient un 3, ils sont tous deux réalisés.

c. Le couple donné est formé de deux événements **incompatibles**.

d. Ces événements **ne sont pas incompatibles** ; si on obtient un 6, ils sont tous deux réalisés.

solution 6

1 La règle des probabilités totales permet d'écrire

$$p(\text{A ou B}) = p(\text{A}) + p(\text{B}) = 0{,}5 + 0{,}25 = \mathbf{0{,}75}.$$

2 La règle des probabilités totales permet d'écrire

$$p(\text{A ou B}) = p(\text{A}) + p(\text{B}) = 0{,}75 + 0{,}25 = \mathbf{1}.$$

Il s'agit donc ici d'événements contraires.

3 Si on voulait appliquer la règle des probabilités totales, on serait conduit à écrire

$$p(\text{A ou B}) = p(\text{A}) + p(\text{B}) = 0{,}8 + 0{,}3 = \mathbf{1{,}1}.$$

Ce qui est absurde, une probabilité ne peut dépasser 1. C'est donc que les événements donnés **ne peuvent pas être incompatibles**.

SOLUTIONS DES *exercices*

solution 7

1 et **2** Appelons p la probabilité d'une face impaire :

$p(1) = p(3) = p(5) = p$.

$p(2) = p(4) = p(6) = 2p$.

La somme des probabilités est égale à 1 donc : $9p = 1$ soit $p = \frac{1}{9}$.

Alors $\mathbf{p(2) = \frac{2}{9}}$ et $\mathbf{p(2) = \frac{1}{9}}$.

3 La probabilité d'une face paire est $p(2) + p(4) + p(6) = \frac{6}{9} = \mathbf{\frac{2}{3}}$.

solution 8

1

	Garçon	Fille	Total
Cantine	8	6	14
Pas cantine	2	6	8
Total	10	12	22

2 La probabilité d'avoir un garçon qui ne va pas à la cantine est : $\mathbf{\frac{2}{10}}$.

3 On tire un nom au hasard. La probabilité d'avoir un garçon qui mange à la cantine est : $\mathbf{\frac{8}{22}}$.

solution 9

1 Puisque 20 élèves apprennent les deux langues, alors **40** élèves n'apprennent que l'anglais et **10** n'apprennent que l'espagnol.

2 La probabilité que l'élève n'apprenne que l'anglais est $\mathbf{p(A)} = \frac{40}{80} = \mathbf{0{,}5}$.

3 On remarque que : $80 - 40 - 10 - 20 = 10$.

Donc 10 élèves n'apprennent ni l'anglais, ni l'espagnol.

Alors p (non A et non E) $= \frac{10}{80} = \mathbf{0{,}125}$.

4 « au moins une langue » a pour événement contraire « aucune des langues » donc c'est la probabilité précédente.

Donc p (au moins une des langues) $= 1 - 0{,}125$.

$= \mathbf{0{,}875}$.

CHAPITRE
10

Trigonométrie

Le triangle rectangle a été étudié en 4e. Le théorème de Pythagore constitue le résultat essentiel concernant cette figure ; il est la clé d'une large partie des problèmes posés en géométrie au Diplôme National du Brevet.
C'est pourquoi nous allons le revoir, avant d'examiner les relations trigonométriques dans le triangle rectangle, ainsi que les fonctions trigonométriques sinus, cosinus et tangente, si utiles au calcul numérique.

Sommaire

Prévoir, pour la quinzaine à venir, quatre séances de travail d'environ une demi-heure, et les inscrire dans votre agenda.

séance 1

LE THÉORÈME DE PYTHAGORE

JE RÉVISE...

Cette séance est consacrée à une révision du programme de 4e.

Énoncé du théorème de Pythagore

Dans un triangle rectangle, le **carré de l'hypoténuse** est égal à la **somme des carrés des côtés** de l'angle droit.

$$BC^2 = AB^2 + AC^2.$$

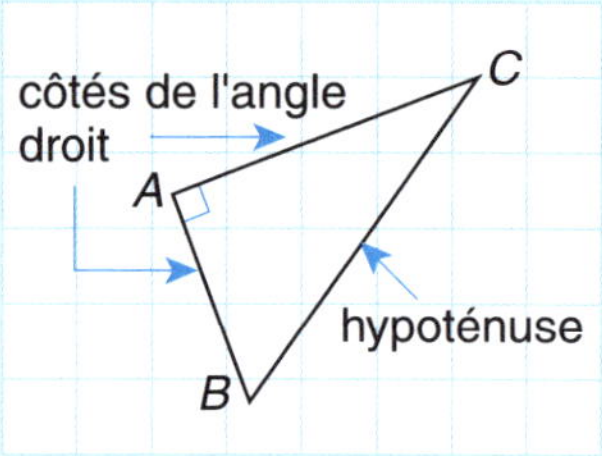

Réciproque du théorème de Pythagore

Si dans un triangle, le **carré d'un côté** est égal à la **somme des carrés des deux autres**, alors le triangle est un triangle **rectangle**.

→ ***Remarque :*** seul **le plus grand** des trois côtés peut avoir son carré égal à la somme des deux autres. Si le triangle est rectangle, alors ce côté est **l'hypoténuse**.

Utilisation du théorème de Pythagore

MÉTHODE

*Quand on connaît les longueurs de **deux des côtés** d'un triangle rectangle, le théorème de Pythagore permet de calculer la longueur du **troisième** côté.*

Le calcul numérique exige souvent l'utilisation de la touche $\sqrt{\ }$ de la calculatrice.

JE M'ENTRAÎNE...

exercice 1

1 Dans le triangle ABC rectangle en A, on donne $AB = 3$ et $AC = 4$.
Calculer BC.

2 On se propose de trouver tous les triangles rectangles dont les côtés ont pour longueurs trois entiers consécutifs. On appelle $n + 1$ la longueur de l'hypoténuse ; **donner** les longueurs des deux autres côtés.

3 a. **Vérifier**, quel que soit n, l'égalité suivante : $(n + 1)^2 - (n - 1)^2 = 4n$.
b. **Trouver** la seule valeur possible de n.

Solution p. 145

exercice 2

Deux côtés d'un triangle rectangle mesurent respectivement 13 et 5 cm.

Calculer la longueur du troisième côté.

Solution p. 145

séance 2 RELATIONS TRIGONOMÉTRIQUES DANS LE TRIANGLE RECTANGLE

JE RÉVISE...

Côté opposé et côté adjacent

Dans un triangle ABC rectangle en A :
– le côté $[AB]$ est dit **adjacent** à l'angle en B ;
– le côté $[AC]$ est dit **opposé** à l'angle en B.

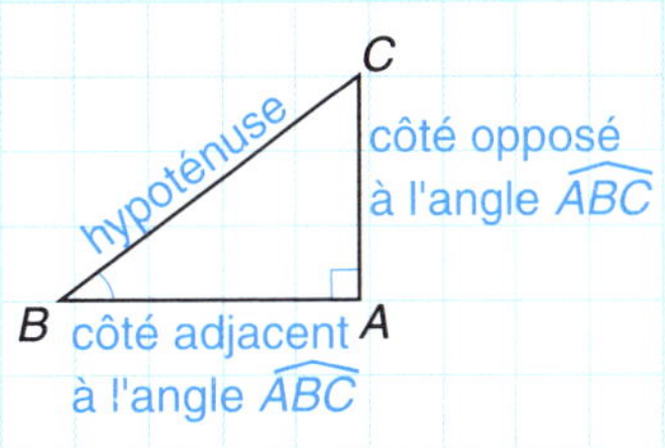

On définit de même le côté adjacent et le côté opposé à l'angle en C.

→ ***Remarque :*** ces expressions ne s'emploient que pour un triangle **rectangle**.

Sinus, cosinus et tangente d'un angle aigu

Le **cosinus d'un angle aigu α** a été défini en 4e. Il est noté **cos α**.
On définit aussi :
– le **sinus d'un angle aigu α**, que l'on note **sin α** ;
– la **tangente d'un angle aigu α**, que l'on note **tan α**.

ABC est un triangle rectangle en *A*. Alors :

$$\sin\widehat{B} = \frac{AC}{BC},\quad \cos\widehat{B} = \frac{AB}{BC},\quad \tan\widehat{B} = \frac{AC}{BA}.$$

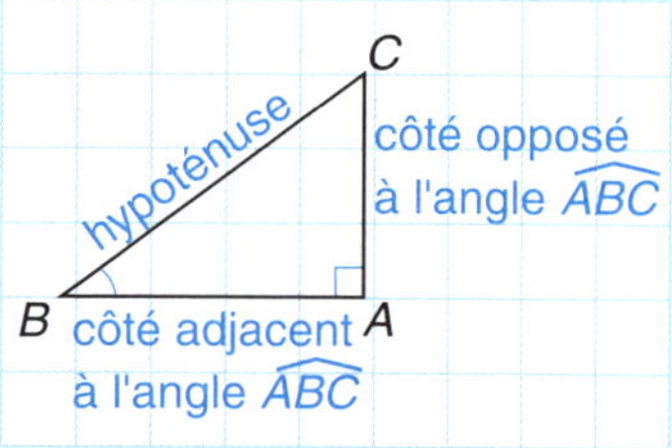

On dit que sin, cos et tan sont des **fonctions trigonométriques** de l'angle aigu α.

→ ***Remarque :*** il est plus simple de retenir ces relations **indépendamment des lettres** désignant les sommets du triangle. On retient donc :

$$\sin = \frac{\text{côté opposé}}{\text{hypoténuse}},\quad \cos = \frac{\text{côté adjacent}}{\text{hypoténuse}},\quad \tan = \frac{\text{côté opposé}}{\text{côté adjacent}}.$$

→ ***Remarque :*** l'hypoténuse étant le côté le plus long, il en résulte qu'**un cosinus ou un sinus est toujours inférieur à 1.**
En revanche, la tangente d'un angle aigu peut prendre n'importe quelle valeur positive.

Valeurs particulières

Mesure en degrés	30°	45°	60°
Cosinus	$\frac{\sqrt{3}}{2}$	$\frac{\sqrt{2}}{2}$	$\frac{1}{2}$
Sinus	$\frac{1}{2}$	$\frac{\sqrt{2}}{2}$	$\frac{\sqrt{3}}{2}$
Tangente	$\frac{\sqrt{3}}{3}$	1	$\sqrt{3}$

Il est bon de mémoriser ces valeurs particulières.

JE M'ENTRAÎNE...

exercice 3

En utilisant un triangle rectangle bien choisi, **déterminer** la valeur de :

a. cos 60° ; **b.** sin 30° ; **c.** tan 45°.

Solution p. 145

exercice 4

a. Dans le triangle rectangle *ABC* ci-contre, que peut-on dire des mesures des angles $\widehat{B}$ et $\widehat{C}$?

b. **Exprimer** sin $\widehat{B}$ et sin $\widehat{C}$, puis cos $\widehat{B}$ et cos $\widehat{C}$, en fonction des longueurs des côtés.

c. **En déduire** une relation entre le sinus d'un angle et le cosinus de l'angle complémentaire.

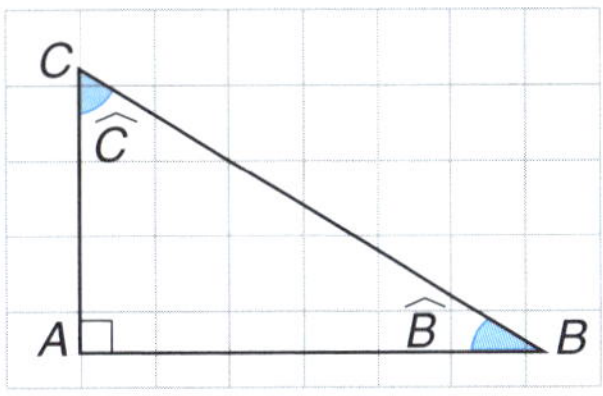

Solution p. 146

séance 3 CALCULS TRIGONOMÉTRIQUES

JE RÉVISE...

Calcul d'un sinus, d'un cosinus ou d'une tangente

Pour toute mesure α d'angle aigu, la calculatrice permet d'afficher une **valeur approchée** des trois fonctions trigonométriques **sinus, cosinus** et **tangente**. Les touches correspondantes sont marquées respectivement : SIN COS TAN

Exemples : 22 SIN *affichage* 0.3746065

22 COS *affichage* 0.9271838

22 TAN *affichage* 0.4040262

➔ ***Attention :*** il faut toujours vérifier que la calculatrice est bien en **mode degré**.

➔ ***Remarque :*** la définition géométrique ne s'applique que pour un angle compris entre 0 et 90°, ces valeurs exclues. La calculatrice donne pour ces valeurs extrêmes :

cos 0 = 1	**sin 0 = 0**	**tan 0 = 0**
cos 90 = 0	**sin 90 = 1**	

Elle affiche un message d'erreur si l'on tente de calculer tan 90.

Détermination d'une mesure d'angle

Inversement, la calculatrice permet d'afficher une **valeur approchée d'un angle** dont on connaît le sinus, le cosinus ou la tangente, en utilisant respectivement les touches :

INV SIN   INV COS   INV TAN

Exemples : 0,65 INV SIN *affichage* 40.541602

0,4 INV COS *affichage* 66.421822

5,7 INV TAN *affichage* 80.049373

Application aux calculs d'angles et de longueurs

> **MÉTHODE**
>
> ***Pour calculer la mesure d'un angle*** $\widehat{B}$ *d'un triangle rectangle, connaissant les longueurs de deux des côtés :*
>
> *– on calcule, selon les cas, la valeur de* $\sin\widehat{B}$, $\cos\widehat{B}$ *ou* $\tan\widehat{B}$ *en fonction des longueurs données ;*
>
> *– on utilise la calculatrice pour en déduire la valeur de l'angle cherché.*

Exemple : dans le triangle rectangle ci-contre, déterminer une valeur approchée, à 1° près, de la mesure de l'angle $\widehat{B}$.

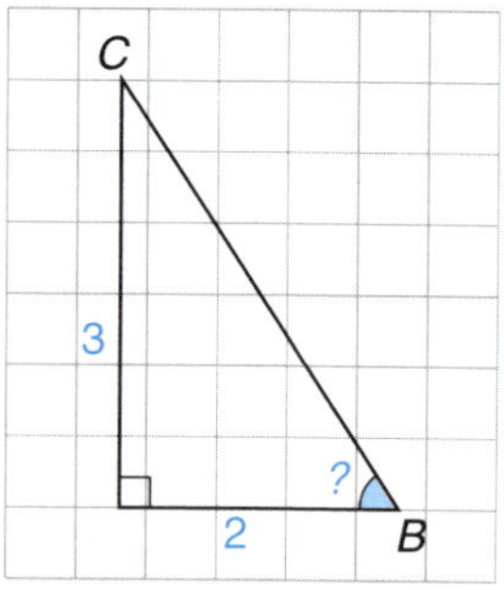

– Les longueurs des côtés adjacent et opposé sont données : on utilise donc la tangente ; $\tan\widehat{B} = \dfrac{\text{côté opposé}}{\text{côté adjacent}} = \dfrac{3}{2} = 1{,}5$.

– La calculatrice donne :

1,5 INV TAN *affichage* 56.309932

d'où $\widehat{B} \approx$ **56°.**

MÉTHODE

*Pour **calculer la longueur d'un côté** d'un triangle rectangle, connaissant la mesure d'un des angles aigus et la longueur d'un autre côté :*
– on exprime la longueur cherchée en fonction de celle donnée et, selon les cas, du sinus, du cosinus ou de la tangente de l'angle connu ;
– on utilise la calculatrice pour en déduire la valeur de la longueur cherchée.

Exemple : dans le triangle rectangle ci-dessous, déterminer la longueur AB.

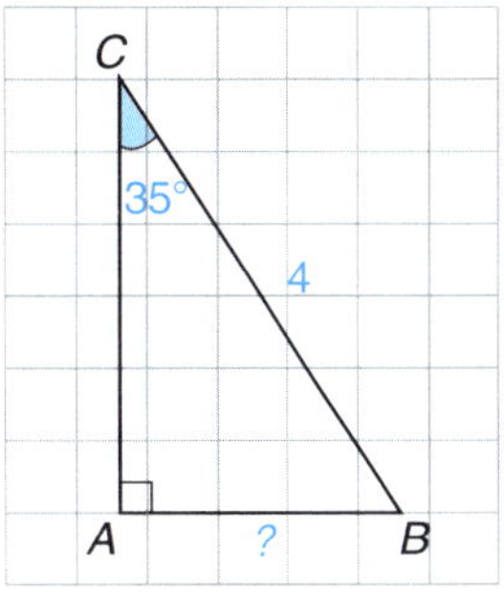

– On cherche la longueur du côté opposé à l'angle donné, et on connaît la longueur de l'hypoténuse : on utilise le sinus ;

$$\sin \widehat{C} = \frac{\text{opposé}}{\text{hypoténuse}} = \frac{AB}{BC}$$

donc $AB = BC \times \sin\widehat{C} = 4 \times \sin 35°$.

– La calculatrice donne :

35 (SIN) *affichage* 0.5735764

d'où $\boldsymbol{AB \approx 2{,}3}$.

JE M'ENTRAÎNE...

exercice 5

On donne un triangle ABC rectangle en A. On note $\widehat{B}$ et $\widehat{C}$ les mesures des angles correspondants et a, b, c respectivement les distances BC, CA, AB.

Dans chacun des cas suivants, **calculer** les longueurs des côtés et les mesures des angles qui ne sont pas données.

a. $a = 6$, $\widehat{B} = 33°$. **b.** $b = 4$, $\widehat{B} = 40°$. **c.** $c = 5$, $\widehat{B} = 64°$.
d. $a = 5$, $b = 4$. **e.** $b = 5$, $c = 12$.

Solution p. 146

exercice 6

À l'aide de la calculatrice, **calculer** les expressions suivantes :

a. $\sin 44 - 2 (\sin 22) (\cos 22)$. **b.** $(\cos 17)^2 + (\sin 17)^2$.

c. $\cos 67 - \sin 23$. **d.** $(\tan 50) (\cos 50) - \sin 50$.

e. $(\cos 49)^2 - (\sin 88)^2$. **f.** $(\tan 18) (\cos 18) - \sin 18$.

Solution p. 146

séance 4 RELATIONS ENTRE FONCTIONS TRIGONOMÉTRIQUES

JE RÉVISE...

Une notation

Par souci de simplification, **$(\cos x)^2$ est noté $\cos^2 x$**.
De même, on note :

$$\sin^2 x \text{ pour } (\sin x)^2 \quad \text{et} \quad \tan^2 x \text{ pour } (\tan x)^2.$$

→ ***Attention :*** la notation **$\cos x^2$** pour $(\cos x)^2$ est **proscrite**, car on pourrait la confondre avec le cosinus d'un angle de mesure x^2 !

Relation entre sinus, cosinus et tangente

Soit x la mesure d'un angle d'un triangle rectangle ; on sait que :

$$\tan x = \frac{\text{côté opposé}}{\text{côté adjacent}}.$$

Divisons le numérateur et le dénominateur par la longueur de l'hypoténuse ; les définitions du sinus et du cosinus montrent qu'on obtient alors la relation :

> Pour tout angle aigu x : **$\tan x = \dfrac{\sin x}{\cos x}$**.

Relation entre sinus et cosinus

Dans un triangle ABC rectangle en A, la relation de Pythagore s'écrit :

$$BC^2 = AB^2 + AC^2.$$

Divisons les deux membres de cette égalité par BC^2 ; les définitions du sinus et du cosinus montrent qu'on obtient alors la relation suivante, dans laquelle x désigne l'angle $\widehat{ABC}$:

> Pour tout angle aigu x : **$\cos^2 x + \sin^2 x = 1$**.

→ ***Remarques :*** 1) En divisant par $\cos^2 x$, on en déduit, pour tout angle aigu, la formule : $\quad 1 + \tan^2 x = \dfrac{1}{\cos^2 x}$.

2) Ces deux formules sont encore valables pour 0° et pour 90° :
$\cos^2 0° + \sin^2 0° = 1^2 + 0^2 = 1$; $\quad \cos^2 90° + \sin^2 90° = 0° + 1^2 = 1$;

$\tan 0° = \dfrac{\sin 0°}{\cos 0°} = \dfrac{0}{1} = 0.$

JE M'ENTRAÎNE...

exercice 7

Écrire le plus simplement possible :

1 $(\sin a + \cos a)^2 + (\sin a - \cos a)^2$.

2 $(\sin a + \cos a)^2 - (\sin a - \cos a)^2$.

Solution p. 147

exercice 8

On suppose a choisi en sorte que les expressions données existent ; **trouver** une écriture plus simple pour ces expressions :

1 $\dfrac{1}{1+\sin a} + \dfrac{1}{1-\sin a}$.

2 $\dfrac{1}{\cos a + 1} + \dfrac{1}{\cos a - 1}$.

3 $\dfrac{\cos^4 a - \sin^4 a}{\cos^2 a - \sin^2 a}$.

4 $\dfrac{\cos^4 a - \cos^2 a}{\sin^4 a - \sin^2 a}$.

5 $\dfrac{1}{\cos^2 a} - (1+\tan^2 a)$.

Solution p. 147

pour faire le point

Chercher les exercices sans connaître son cours, c'est perdre son temps. L'auto-test vous aide à faire le point sur vos connaissances : répondre « vrai » ou « faux » à chaque affirmation, puis se reporter aux solutions p. 226.

Auto-test

1. Dans un triangle rectangle, le carré du plus grand côté est égal à la somme des carrés des deux autres côtés. (→ séance 1)

2. Si dans un triangle, le carré d'un côté est égal à la somme des carrés des deux autres, alors le triangle est un triangle rectangle. (→ séance 1)

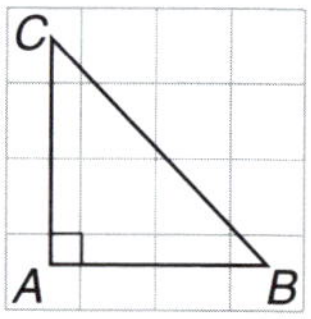

3. Dans le triangle ABC rectangle en A, $\sin \widehat{B} = \dfrac{AC}{BC}$. (→ séance 2)

4. Dans le triangle ABC rectangle en A, $\tan \widehat{B} = \dfrac{AC}{AB}$. (→ séance 2)

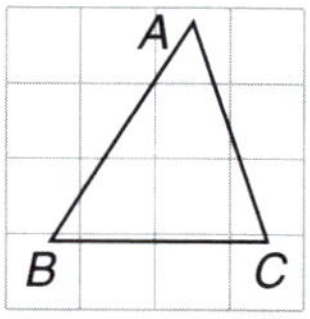

5. Dans le triangle ABC, $\sin \widehat{B} = \dfrac{AC}{BC}$. (→ séance 1)

6. Un sinus est toujours inférieur à 1. (→ séance 2)

7. Une tangente est toujours supérieure à 1. (→ séance 2)

8. $\cos 45° = \dfrac{\sqrt{2}}{2}$ et $\sin 45° = \dfrac{\sqrt{2}}{2}$. (→ séance 2)

9. Quel que soit l'angle aigu x, $(\cos x)(\tan x) = \sin x$. (→ séance 4)

10. Quel que soit l'angle aigu x, $\cos^2 x - \sin^2 x = 1$. (→ séance 4)

Réponses p. 226

solution 1

1 BC est l'hypoténuse : $BC^2 = AB^2 + AC^2 = 3^2 + 4^2 = 25$. Donc $\boldsymbol{BC = 5}$.

2 L'hypoténuse étant le côté le plus long, $n + 1$ est le plus grand des trois entiers consécutifs. Les deux autres côtés sont donc de longueurs ***n* et *n* – 1**.

3 a. Par développement, on obtient :
$(n + 1)^2 - (n - 1)^2 = (n^2 + 2n + 1) - (n^2 - 2n + 1) = 4n$.
b. Écrivons le théorème de Pythagore pour le triangle recherché :
$(n - 1)^2 + n^2 = (n + 1)^2$ c'est-à-dire $n^2 = (n + 1)^2 - (n - 1)^2$.
En utilisant le résultat de la question précédente, on arrive à :
$n^2 = 4n$ c'est-à-dire $n(n - 4) = 0$.
La seule solution acceptable est $\boldsymbol{n = 4}$, ce qui redonne le triangle de côtés 3, 4 et 5, seule solution au problème posé.

solution 2

Il y a un petit piège, car l'hypoténuse peut être ou bien le côté de longueur 13, ou bien le côté de longueur inconnue (dans tous les cas, c'est le plus long des trois).
Premier cas : l'hypoténuse est le côté de longueur 13.
Les côtés de l'angle droit mesurent 5 et x, et x doit vérifier :
$13^2 = 5^2 + x^2$ d'où $x^2 = 169 - 25 = 144$ et $\boldsymbol{x = 12}$.
Deuxième cas : l'hypoténuse est le côté de longueur inconnue, y.
Cette longueur y vérifie la relation de Pythagore :
$y^2 = 13^2 + 5^2 = 169 + 25 = 194$ d'où la valeur approchée : $\boldsymbol{y \approx 13{,}9}$.

solution 3

a. On utilise un demi-triangle équilatéral AIB ; en appliquant la définition du cosinus, on trouve :
$\cos 60° = \dfrac{AI}{AB} = \boldsymbol{\dfrac{1}{2}}$.

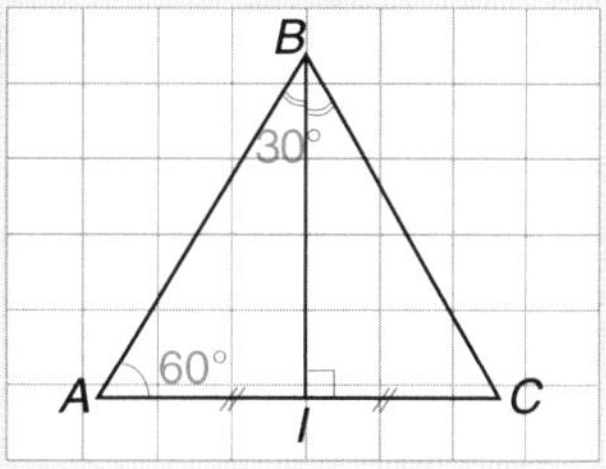

b. Dans le même demi-triangle équilatéral, on a aussi : $\sin 30° = \dfrac{AI}{AB} = \boldsymbol{\dfrac{1}{2}}$.
c. On utilise un triangle rectangle isocèle ABC ; en appliquant la définition de la tangente, on trouve :
$\tan 45° = \dfrac{AB}{AC} = \mathbf{1}$.

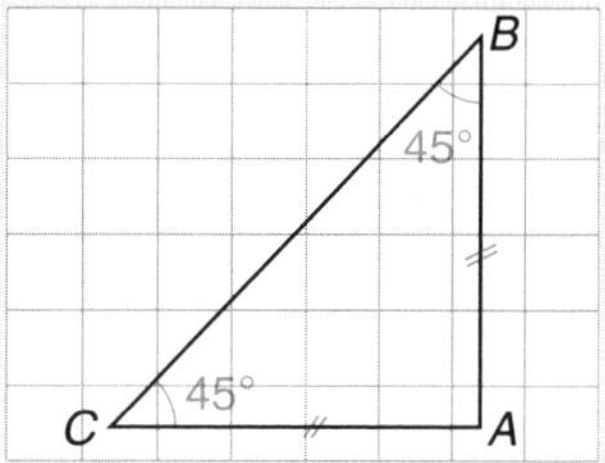

SOLUTIONS DES *exercices*

solution 4

a. La somme des mesures des angles d'un triangle est égale à 180°. L'angle $\widehat{A}$ valant 90°, la somme des deux autres vaut aussi 90° : les angles $\widehat{B}$ et $\widehat{C}$ sont **complémentaires.**

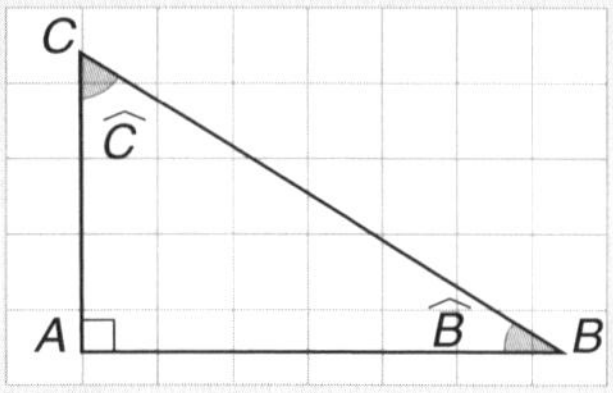

b. $\sin \widehat{B} = \dfrac{AC}{BC}$ $\qquad \sin \widehat{C} = \dfrac{AB}{BC}$

$\cos \widehat{B} = \dfrac{AB}{BC}$ $\qquad \cos \widehat{C} = \dfrac{AC}{BC}$.

c. On remarque que $\sin \widehat{B} = \cos \widehat{C}$ et $\sin \widehat{C} = \cos \widehat{B}$.

Le sinus d'un angle aigu est égal au cosinus de l'angle complémentaire.

solution 5

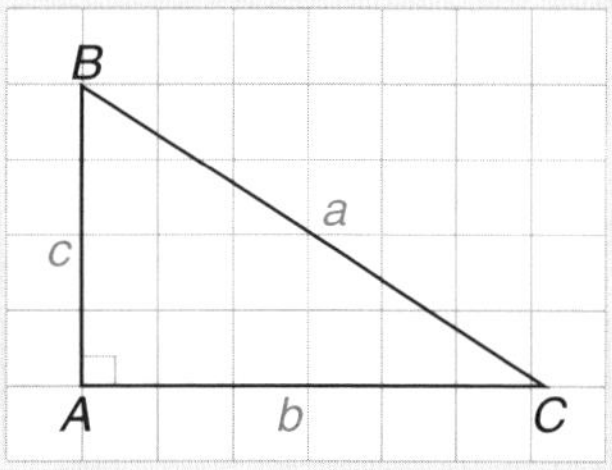

a. $b = a \sin \widehat{B} = 6 \sin 33° \approx \mathbf{3{,}27}$.

$c = a \cos \widehat{B} = 6 \cos 33° \approx \mathbf{5{,}03}$. $\qquad \widehat{C} = 90° - \widehat{B} = \mathbf{57°}$.

b. $a = \dfrac{b}{\sin \widehat{B}} = \dfrac{4}{\sin 40°} \approx \mathbf{6{,}22}$.

$c = \dfrac{b}{\tan \widehat{B}} = \dfrac{4}{\tan 40°} \approx \mathbf{4{,}77}$. $\qquad \widehat{C} = 90° - \widehat{B} = \mathbf{50°}$.

c. $a = \dfrac{c}{\cos \widehat{B}} = \dfrac{5}{\cos 64°} \approx \mathbf{11{,}41}$.

$b = c \tan \widehat{B} = 5 \tan 64° \approx \mathbf{10{,}25}$. $\qquad \widehat{C} = 90° - \widehat{B} = \mathbf{26°}$.

d. $\sin \widehat{B} = \dfrac{b}{a} = \dfrac{4}{5}$, d'où $\widehat{B} \approx \mathbf{53{,}1}$.

$c = \sqrt{a^2 - b^2} = \sqrt{25 - 16} = \mathbf{3}$. $\qquad \widehat{C} = 90° - \widehat{B} \qquad \widehat{C} \approx \mathbf{36{,}9°}$.

e. $a = \sqrt{b^2 + c^2} = \sqrt{144 + 25} = \mathbf{13}$.

$\sin \widehat{B} = \dfrac{a}{b} = \dfrac{5}{13}$, d'où $\widehat{B} \approx \mathbf{22{,}6}$. $\qquad \widehat{C} = 90° - \widehat{B} \qquad \widehat{C} \approx \mathbf{67{,}4°}$.

solution 6

Sauf une, toutes ces valeurs sont entières :

a. $\sin 44 - 2 (\sin 22)(\cos 22) = \mathbf{0}$.

b. $(\cos 17)^2 + (\sin 17)^2 = \mathbf{1}$.

c. $\cos 67 - \sin 23 = \mathbf{0}$.

d. $(\tan 50)(\cos 50) - \sin 50 = \mathbf{0}$.

e. $(\cos 49)^2 - (\sin 88)^2 \approx \mathbf{-0{,}568\ 368\ 5}$.

f. $(\tan 18)(\cos 18) - \sin 18 = \mathbf{0}$.

solution 7

1 Développons chaque carré :
$(\sin a + \cos a)^2 = \cos^2 a + 2 \sin a \cos a + \sin^2 a.$
$(\sin a - \cos a)^2 = \sin^2 a - 2 \sin a \cos a + \cos^2 a.$
Effectuons la somme ; en tenant compte de la relation : $\cos^2 a + \sin^2 a = 1$,
on obtient : $(\cos a + \sin a)^2 + (\sin a - \cos a)^2 = \mathbf{2}$.

2 En développant les deux carrés et en effectuant la différence, on obtient :
$(\sin a + \cos a)^2 - (\sin a - \cos a)^2 = \mathbf{4 \sin a \cos a}$.

solution 8

1 Comme un sinus est compris entre 0 et 1, l'expression proposée est définie dès que : $1 - \sin a \neq 0$, soit $\sin a \neq 1$, c'est-à-dire pour $a \neq 90°$.
On peut alors écrire, en réduisant à un même dénominateur :
$\dfrac{1 - \sin a + 1 + \sin a}{(1 + \sin a)(1 - \sin a)}$, soit : $\dfrac{2}{1 - \sin^2 a}$.
Or, $\cos^2 a + \sin^2 a = 1$ et par conséquent, $1 - \sin^2 a = \cos^2 a$.
L'expression proposée se réduit donc à : $\mathbf{\dfrac{2}{\cos^2 a}}$.

2 Le cosinus d'un angle aigu est compris entre 0 et 1, l'expression proposée est définie dès que : $1 - \cos a \neq 0$, soit $\cos a \neq 1$, c'est-à-dire pour $a \neq 0$.
On peut alors réduire à un même dénominateur :
$\dfrac{\cos a - 1 + \cos a + 1}{(\cos a + 1)(\cos a - 1)}$, soit : $\dfrac{2 \cos a}{\cos^2 a - 1}$.
Or $\cos^2 a - 1 = -\sin^2 a$. L'expression proposée se réduit donc à : $\mathbf{-\dfrac{2 \cos a}{\sin^2 a}}$.

3 L'expression proposée n'est pas définie lorsque : $\cos^2 a - \sin^2 a = 0$, soit : $\sin^2 a = \cos^2 a$. Le sinus et le cosinus d'un angle aigu étant positifs, cela équivaut à : $\sin a = \cos a$, soit $\tan a = 1$ ou $a = 45°$.
$\cos^4 a - \sin^4 a = (\cos^2 a - \sin^2 a)(\cos^2 a + \sin^2 a) = \cos^2 a - \sin^2 a$ car : $\cos^2 a + \sin^2 a = 1$.
Lorsqu'elle est définie, l'expression proposée est donc égale à 1.

4 L'expression proposée n'est pas définie lorsque : $\sin^4 a - \sin^2 a = 0$, soit : $\sin^2 a (\sin^2 a - 1) = 0$.
Cette égalité est satisfaite lorsque :
$\sin a = 0$ ou $\sin a = 1$ c'est-à-dire pour $a = 0$ ou $a = 90°$.
$\cos^4 a - \cos^2 a = \cos^2 a (\cos^2 a - 1) = -\cos^2 a \sin^2 a$ et
$\sin^4 a - \sin^2 a = \sin^2 a (\sin^2 a - 1) = -\sin^2 a \cos^2 a$.
Lorsqu'elle est définie, l'expression proposée est donc égale à 1.

5 L'expression proposée n'est pas définie lorsque : cos $a = 0$, ou lorsque tan a n'est pas définie, soit pour $a = 90°$.

On peut alors écrire : $\dfrac{1}{\cos^2 a} - \tan^2 a - 1 = \dfrac{1 - \sin^2 a}{\cos^2 a} - 1 = \dfrac{\cos^2 a}{\cos^2 a} - 1 = 0.$

CHAPITRE 11

Angles inscrits

On a vu en 4e une propriété du triangle rectangle, qui se formule en deux énoncés réciproques :
– le cercle circonscrit à un triangle rectangle a pour diamètre l'hypoténuse de ce triangle ;
– réciproquement, lorsque le cercle circonscrit à un triangle a son centre sur l'un des côtés, le triangle est rectangle et ce côté en est l'hypoténuse.
Nous allons revoir ces propriétés avec un œil neuf, en considérant l'angle droit comme inscrit dans le cercle ; nous étudierons ensuite les propriétés générales des angles inscrits, même lorsqu'il ne s'agit plus d'angles droits.

Sommaire

Prévoir, pour la quinzaine à venir, quatre séances de travail d'environ une demi-heure, et les inscrire dans votre agenda.

séance 1

ANGLES DROITS INSCRITS

JE RÉVISE...

Angle inscrit

On dit qu'un angle est **inscrit** dans un cercle lorsque :
– son sommet est sur ce cercle ;
– ses côtés sont des cordes du cercle.

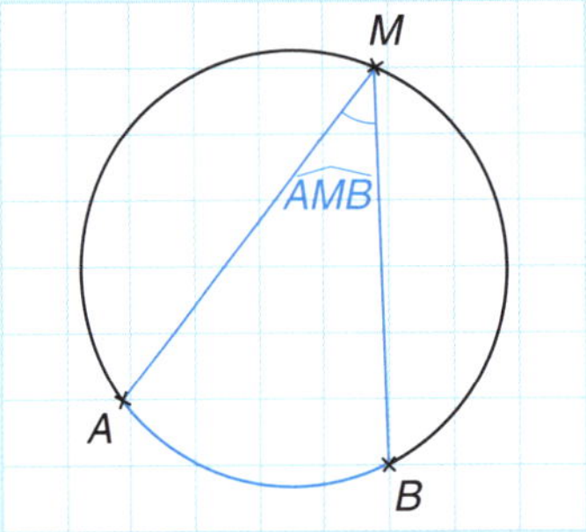

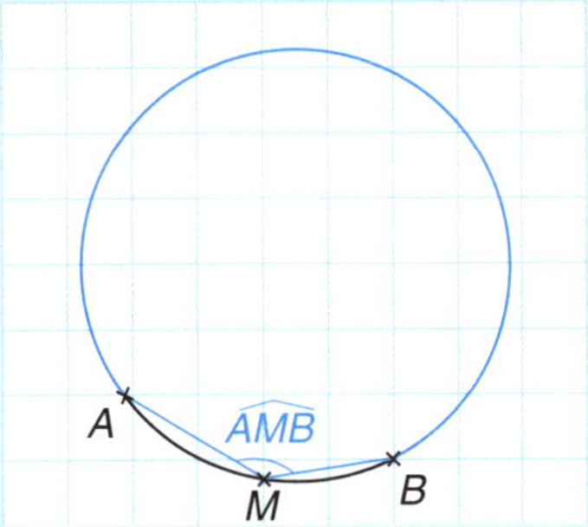

L'arc $\overset{\frown}{AB}$ est **intercepté** par l'angle inscrit $\widehat{AMB}$.

→ ***Attention*** : pour deux points *A* et *B* donnés d'un cercle, il existe **deux arcs $\overset{\frown}{AB}$ différents** (voir figures ci-dessus).

Angle droit inscrit

Nous avons vu en 4e les propriétés suivantes du triangle rectangle :
– le cercle circonscrit à un triangle rectangle a pour diamètre l'hypoténuse de ce triangle ;
– réciproquement, lorsque le cercle circonscrit à un triangle a son centre sur l'un des côtés, le triangle est rectangle et ce côté en est l'hypoténuse.

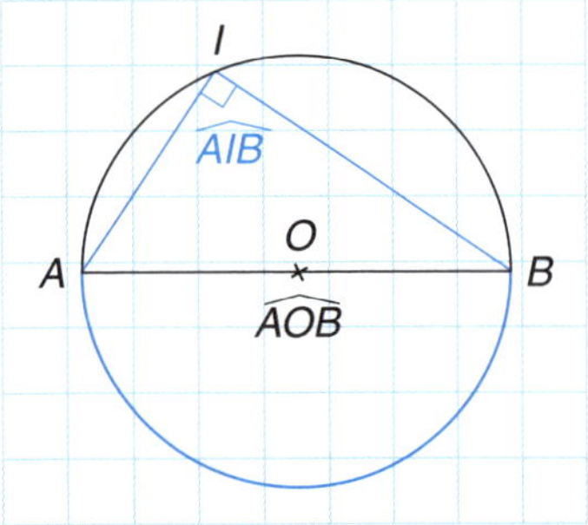

Dans notre nouveau langage, elles se traduisent ainsi :

Si un angle inscrit est **droit**, alors l'arc intercepté par cet angle est un **demi-cercle**.
Réciproquement, si l'arc intercepté par un angle inscrit est un **demi-cercle**, cet angle est **droit**.

JE M'ENTRAÎNE...

exercice 1

1 a. **Dessiner** un triangle ABC, puis **tracer** les cercles de diamètres respectifs $[AB]$ et $[AC]$ et **marquer** leur second point commun I.
b. **Démontrer** que la droite (BC) passe par I.

2 Une droite $\mathscr{D}$ passant par A recoupe en B' le cercle de diamètre $[AB]$ et en C' le cercle de diamètre $[AC]$. **Démontrer** que les droites (BB') et (CC') sont parallèles.

Solution p. 158

exercice 2

1 **Tracer** les hauteurs $[AA']$, $[BB']$, et $[CC']$ d'un triangle ABC. On note H l'orthocentre de ce triangle.

2 **Démontrer** que les points H, A', B et C' sont sur un même cercle.

Solution p. 158

séance 2 ANGLES INSCRITS ET ANGLES AU CENTRE

JE RÉVISE...

Angle au centre associé à un angle inscrit

$\widehat{AIB}$ est un angle inscrit dans un cercle de centre O.

L'angle $\widehat{AOB}$ est appelé **angle au centre** associé à l'angle inscrit $\widehat{AIB}$.

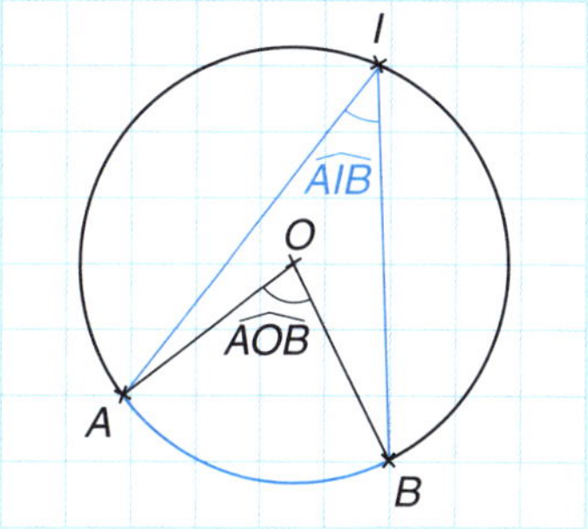

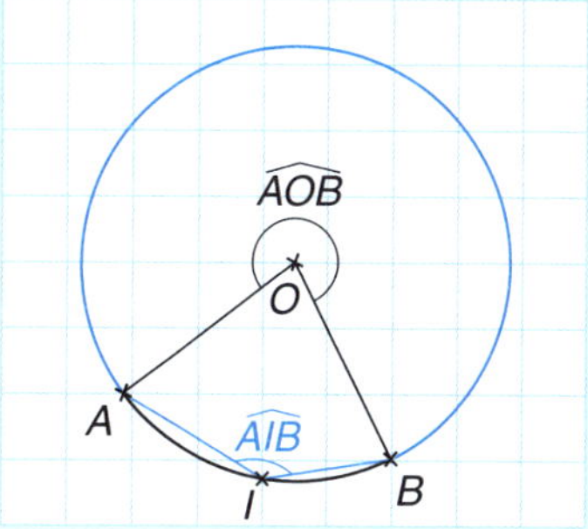

Mesure de l'angle au centre associé

La mesure d'un angle inscrit est **la moitié** de celle de l'angle au centre associé.

Exemple : lorsque l'angle inscrit est droit (mesure : 90°), l'angle au centre associé mesure 180° : c'est un angle plat.

On retrouve ainsi la propriété connue : **si $\widehat{AIB}$ est un angle droit, alors [AB] est un diamètre du cercle circonscrit au triangle AIB.**

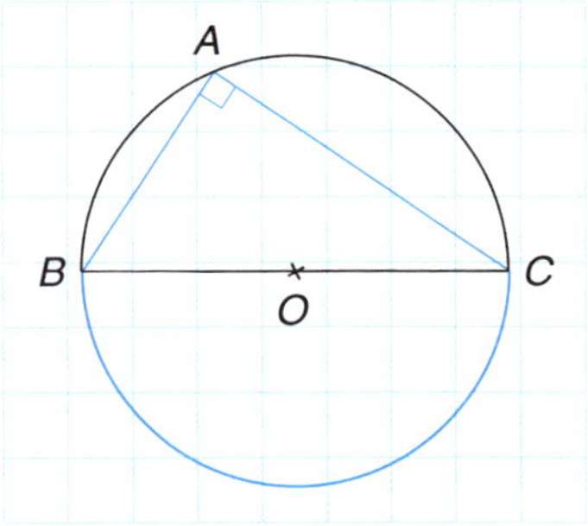

JE M'ENTRAÎNE...

exercice 3

On donne un triangle ABC. La médiatrice du côté [AB] coupe le cercle circonscrit en un point D.

Prouver que la droite (CD) est la bissectrice de l'angle en C du triangle ABC.

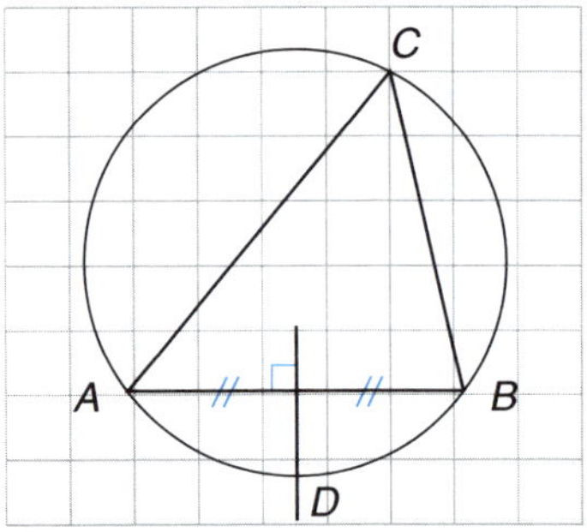

Solution p. 159

exercice 4

On donne un triangle ABC ; on appelle O le centre de son cercle circonscrit et K le milieu de [BC].

1 **Comparer** les angles $\widehat{BAC}$ et $\widehat{BOK}$.

2 **Démontrer** que le rayon R du cercle est égal à : $\frac{1}{2}\frac{BC}{\sin \widehat{BAC}}$.

3 **En déduire** que, dans tout triangle, les sinus des angles sont proportionnels aux longueurs des côtés qui leur sont opposés.

Solution p. 159

ANGLES INSCRITS INTERCEPTANT UN MÊME ARC

JE RÉVISE...

Angles inscrits interceptant un même arc

À deux angles inscrits $\widehat{AMB}$ et $\widehat{ANB}$ interceptant le même arc, correspond un seul et même angle au centre $\widehat{AOB}$.

$\widehat{AMB}$ et $\widehat{ANB}$ ont tous deux pour mesure la moitié de la mesure de $\widehat{AOB}$; ils ont donc même mesure.

Des angles inscrits dans un **même cercle**, et qui interceptent le **même arc**, ont **même mesure**.

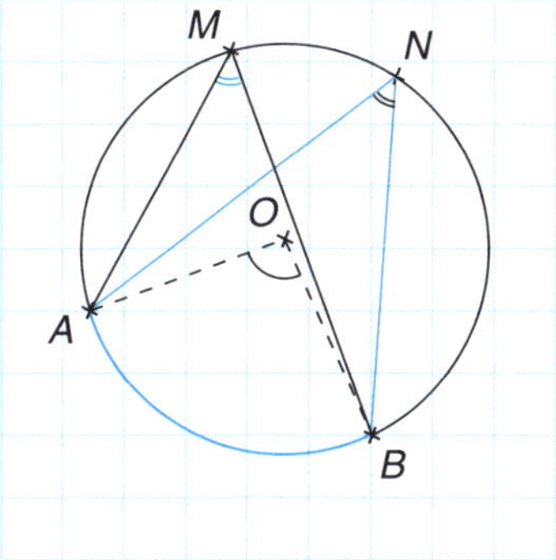

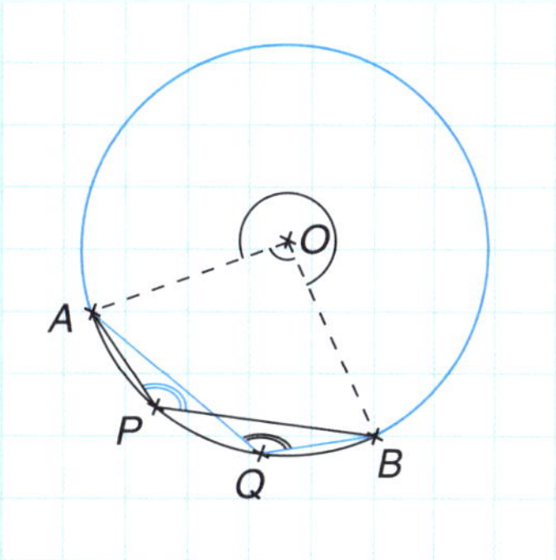

→ ***Attention :*** dans la figure ci-contre, les angles $\widehat{ANB}$ et $\widehat{APB}$ n'ont pas la même mesure, car ils n'interceptent pas le même arc. D'ailleurs, l'un est aigu, et l'autre est obtus.

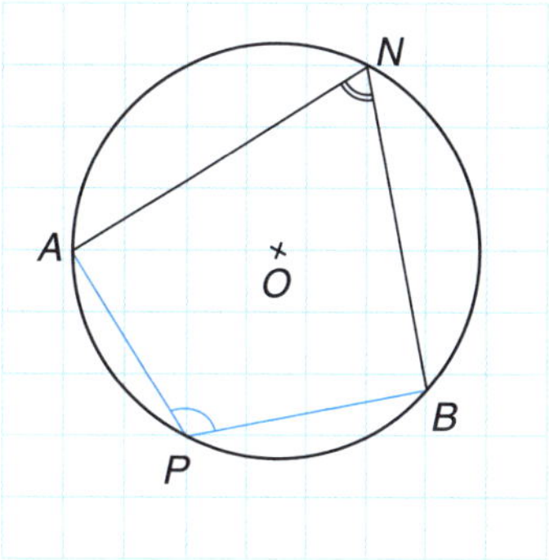

JE M'ENTRAÎNE...

exercice 5

À l'aide des données inscrites sur la figure ci-contre, **prouver** que les triangles *TAB* et *SAB* sont isocèles.

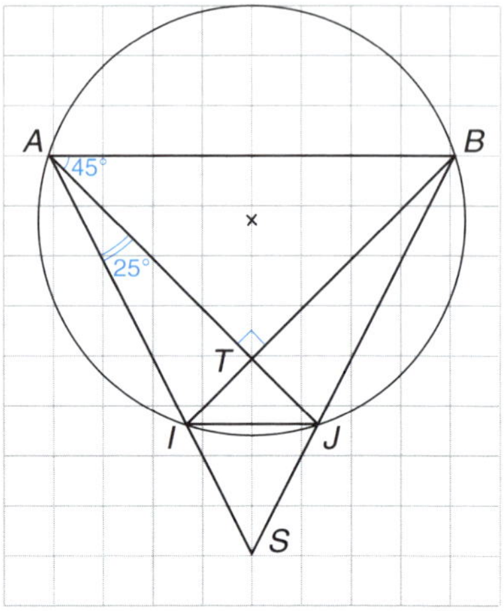

Solution p. 160

exercice 6

La figure ci-contre représente un triangle *ABC* et son cercle circonscrit. La médiatrice du segment [*AB*] coupe en *C′* l'arc intercepté par l'angle en *C* du triangle, et celle du segment [*AC*] coupe en *B′* l'arc intercepté par l'angle en *B* du triangle. Enfin, la droite (*B′C′*) coupe respectivement en *I* et *J* les côtés [*AB*] et [*AC*] du triangle.

Démontrer que le triangle *AIJ* est isocèle.

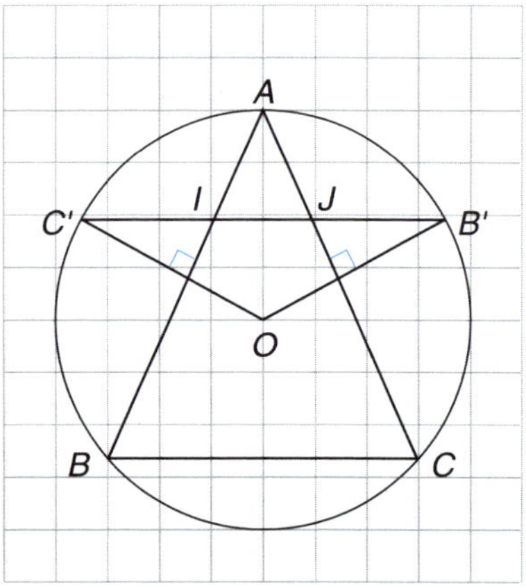

Solution p. 160

séance 4 POLYGONES RÉGULIERS

JE RÉVISE...

Dans toute cette séance, les polygones observés ont tous leurs sommets sur un même cercle.

Figures élémentaires

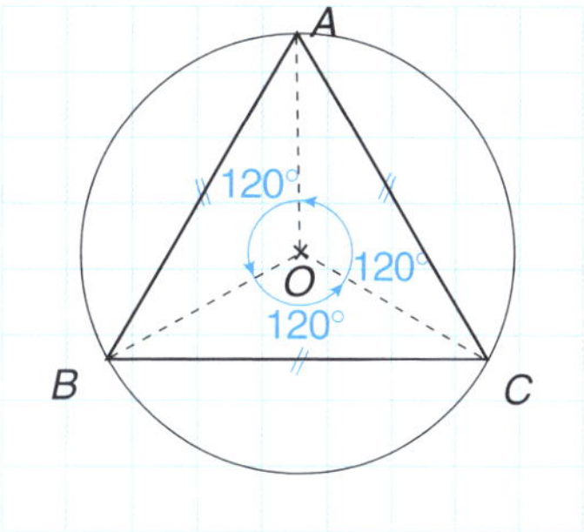

Observons un triangle équilatéral ABC, de centre O.
Les côtés du triangle déterminent des angles inscrits, qui mesurent tous 60°. Les angles au centre correspondants mesurent donc tous 120°.
On peut dire que :
Les côtés d'un triangle équilatéral sont vus du centre sous des angles de même mesure : 120°.

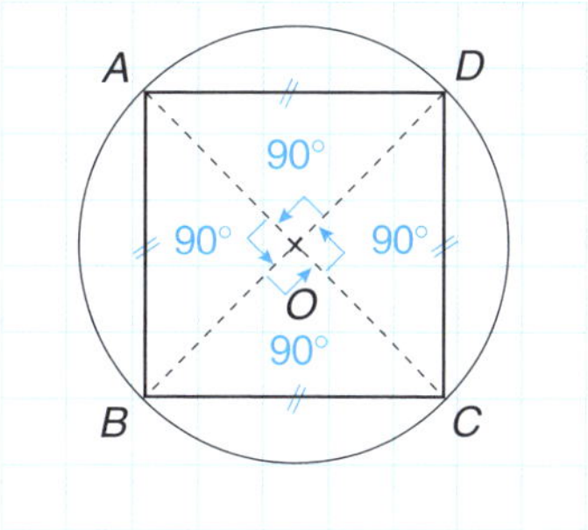

Observons un carré ABCD, de centre O.
Les côtés consécutifs du carré déterminent des angles inscrits, qui mesurent tous 90°. En joignant le centre à deux sommets consécutifs, on détermine un angle droit (l'angle formé par les diagonales du carré). On peut dire :
Les côtés d'un carré sont vus du centre sous des angles de même mesure : 90°.

Généralisation

On donne un polygone inscrit dans un cercle. On dit que ce polygone est régulier si tous ses côtés sont vus du centre du cercle sous des angles de même mesure.
Cette mesure s'obtient en divisant 360° par le nombre de côtés.

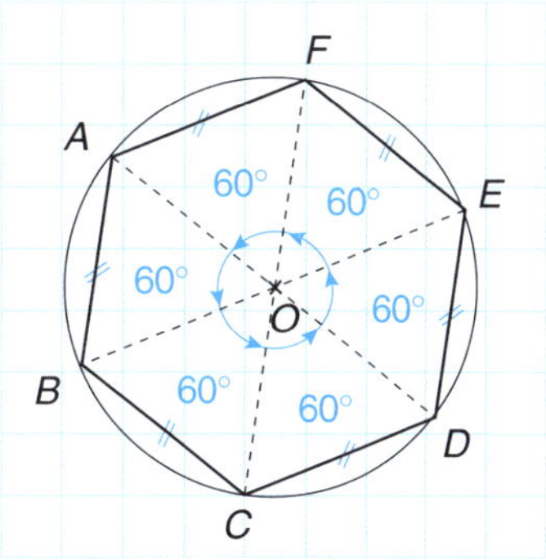

Exemples : polygone régulier à 3 côtés (triangle équilatéral) : tous les côtés sont vus du centre sous un angle de 360/3 = 120°.
Polygone régulier à 4 côtés (carré) : tous les côtés sont vus du centre sous un angle de 360/4 = 90°.
Polygone régulier à 6 côtés (hexagone régulier) : tous les côtés sont vus du centre sous un angle de 360/6 = 60°.

On montre facilement que, dans un polygone régulier, tous les côtés ont la même longueur.

Attention : il ne suffit pas que tous les côtés aient même longueur pour qu'un polygone soit régulier, comme le montre l'exemple d'un losange (non carré) qui n'est pas inscriptible dans un cercle.

JE M'ENTRAÎNE...

exercice 7

On donne un cercle de centre O et un point A de ce cercle. **Expliquer** comment construire un polygone régulier dont O est le centre et A un sommet :

a. pour un hexagone régulier et un triangle équilatéral, à la règle et au compas ;

b. pour un carré, avec en plus une équerre.

Solution p. 161

exercice 8

La figure ci-contre représente un triangle équilatéral ABC et son cercle circonscrit. P est un point quelconque de l'arc d'extrémités B et C.

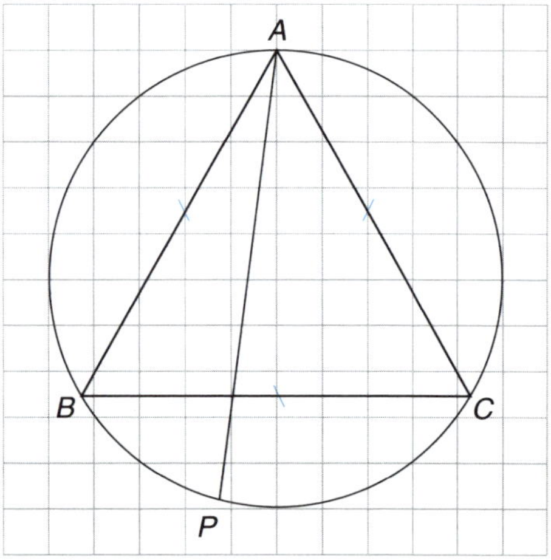

1 a. **Construire** sur le segment $[AP]$ le point J tel que $PC = PJ$.

b. **Démontrer** que le triangle PJC est équilatéral.

2 La droite (CJ) recoupe le cercle en K. **Démontrer** que le triangle AJK est équilatéral.

3 **Démontrer** que $PJKB$ est un parallélogramme.

4 Quelle relation a-t-on prouvé entre les longueurs PA, PB et PC ?

Solution p. 162

pour faire le point

Chercher les exercices sans connaître son cours, c'est perdre son temps. L'auto-test vous aide à faire le point sur vos connaissances : répondre « vrai » ou « faux » à chaque affirmation, puis se reporter aux solutions p. 226.

Auto-test

1. On dit qu'un angle est inscrit dans un cercle lorsque ses trois sommets appartiennent au cercle. (→ séance 1)

2. L'arc intercepté par un angle inscrit droit est un demi-cercle. (→ séance 1)

3. Si l'arc intercepté par un angle inscrit est un demi-cercle, alors cet angle est droit. (→ séance 1)

4. Si deux cordes d'un même cercle forment un angle droit, alors l'une d'elles est un diamètre. (→ séance 1)

5. On dit qu'un angle est inscrit dans un cercle lorsqu'il a son sommet sur ce cercle, et que ses côtés sont des cordes du cercle. (→ séance 1)

6. Des angles inscrits dans un même cercle, et qui interceptent le même arc, ont même mesure. (→ séance 3)

7. Dans un cercle, deux angles inscrits associés au même angle au centre ont même mesure. (→ séance 3)

8. Si un angle au centre mesure 40°, tous les angles inscrits associés mesurent 80°. (→ séance 2)

9. La mesure de tout angle inscrit est la moitié de celle de l'angle au centre associé. (→ séance 2)

10. Si A, B, M, N sont quatre points d'un cercle, alors les angles $\widehat{AMB}$ et $\widehat{ANB}$ sont égaux. (→ séance 2)

Réponses p. 226

solution 1

1 a. Voir figure ci-contre.

b. [*AB*] et [*AC*] étant des diamètres, les angles inscrits $\widehat{AIB}$ et $\widehat{AIC}$ sont droits. Les droites (*IB*) et (*IC*) sont toutes les deux perpendiculaires en *I* à (*IA*) : elles sont donc confondues.

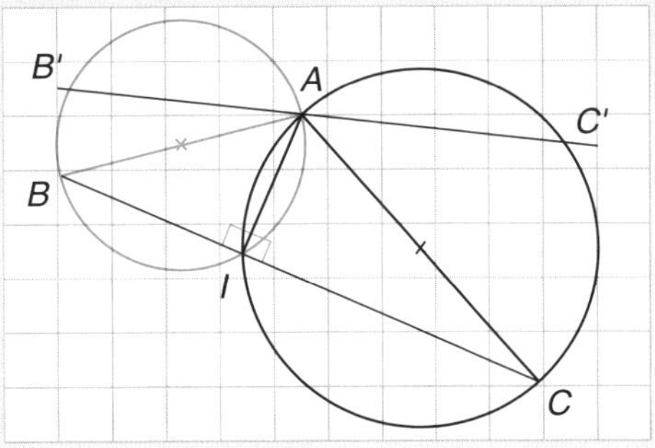

2 [*AC*] étant un diamètre, (*CC'*) est perpendiculaire à (*AC'*) ; de même (*BB'*) est perpendiculaire à (*AB'*). Les droites (*BB'*) et (*CC'*) sont perpendiculaires à une même droite, et donc parallèles.

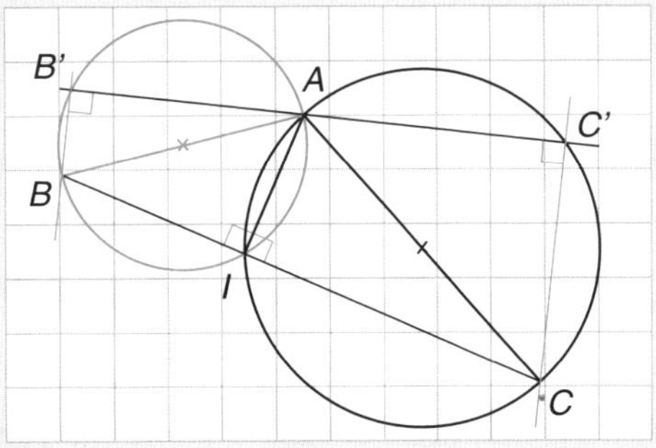

solution 2

1 Voir figure ci-dessous.

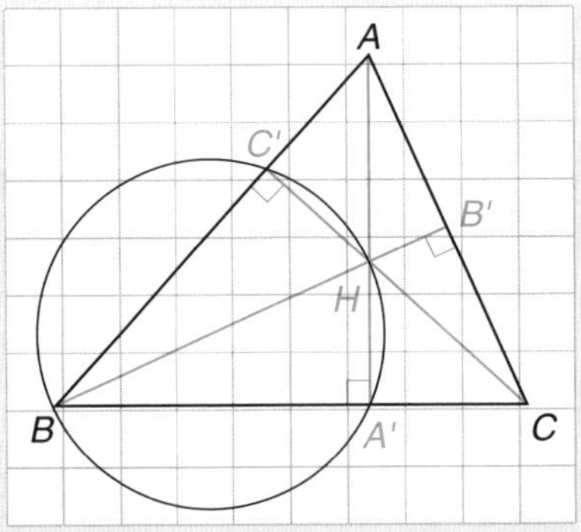

2 Les triangles *BA'H* et *BC'H* sont des triangles rectangles d'hypoténuse [*HB*]. Les points *A'* et *C'* appartiennent donc au cercle de diamètre [*HB*].

solution 3

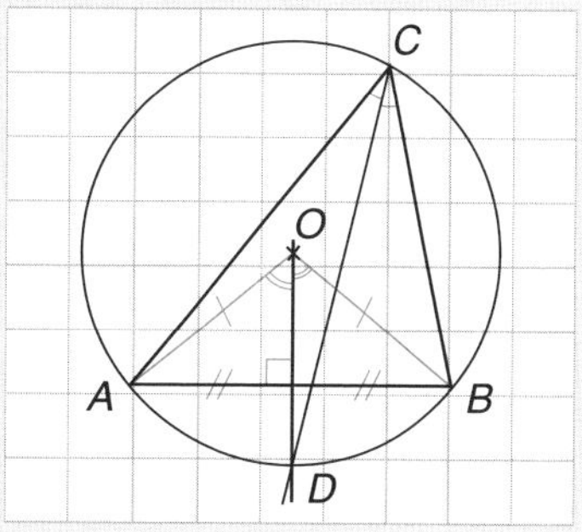

La médiatrice du segment $[AB]$ passe par le centre O du cercle circonscrit.
Or, le triangle OAB est isocèle, car les côtés OA et OB sont égaux au rayon du cercle ; la médiatrice (OD) est donc en même temps bissectrice de l'angle en O de ce triangle.

Ainsi, les angles $\widehat{AOD}$ et $\widehat{BOD}$ ont même mesure.
L'angle $\widehat{AOD}$ est l'angle au centre associé à l'angle inscrit $\widehat{ACD}$.
L'angle $\widehat{BOD}$ est l'angle au centre associé à l'angle inscrit $\widehat{BCD}$.
Ces angles au centre ont même mesure, les angles inscrits associés aussi, et (CD) est bien bissectrice de l'angle en C du triangle ABC.

solution 4

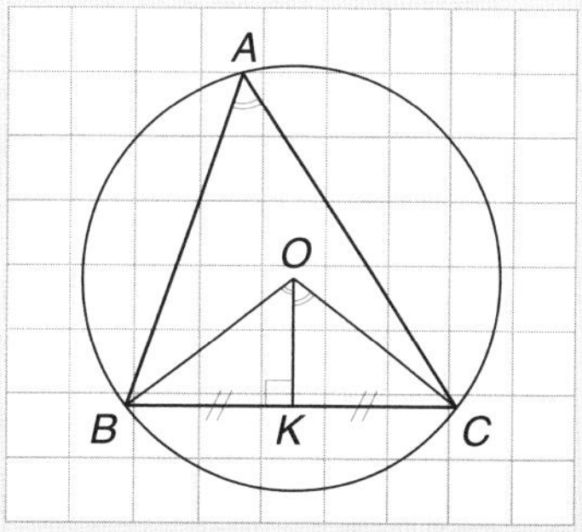

***Rappel** : pour dessiner facilement un triangle et son cercle circonscrit, on trace d'abord le cercle, puis les trois points A, B et C sur ce cercle.*

1 La droite (OK) est la médiatrice du segment $[BC]$, donc axe de symétrie du triangle OBC.

L'angle $\widehat{BOK}$ mesure donc la moitié de l'angle $\widehat{BOC}$.

L'angle $\widehat{BAC}$ est un angle inscrit interceptant le même arc que l'angle au centre $\widehat{BOC}$; il mesure aussi la moitié de $\widehat{BOC}$.
Les angles $\widehat{BAC}$ et $\widehat{BOK}$ ont même mesure.

2 Dans le triangle rectangle BOK d'hypoténuse BO, on a la relation :

$\sin\widehat{BOK} = \frac{BK}{BO} = \frac{1}{2}\,\frac{BC}{R}$ ce qui s'écrit aussi : $R = \frac{1}{2}\,\frac{BC}{\sin\widehat{BAC}}$.

3 Une relation analogue s'établit pour les autres côtés du même triangle, prouvant ainsi les égalités : $\frac{BC}{\sin\widehat{BAC}} = \frac{CA}{\sin\widehat{CBA}} = \frac{AB}{\sin\widehat{ACB}}$ et la proportionnalité des suites indiquées.

solution 5

Triangle TAB

Dans le triangle rectangle TAB, un angle aigu mesure 45°. Donc l'autre aussi, et ce triangle est isocèle.

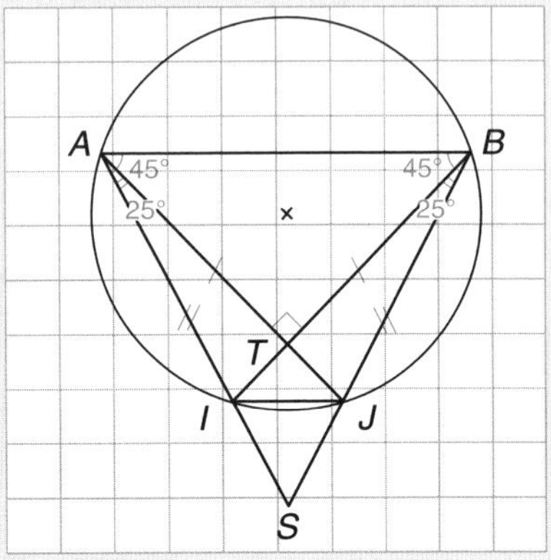

Triangle SAB

Les angles inscrits $\widehat{IAJ}$ et $\widehat{IBJ}$ interceptent le même arc d'extrémités I et J. Ils ont donc même mesure.

Les angles $\widehat{SAB}$ et $\widehat{SBA}$ se trouvent ainsi décomposés en un angle de 45° et un angle de 25°.

Ils ont donc même mesure et le triangle SAB est isocèle.

solution 6

La médiatrice d'une corde d'un cercle contient le centre du cercle. Alors, le triangle $OB'C'$ est isocèle puisque deux de ses côtés ont pour longueur le rayon du cercle.

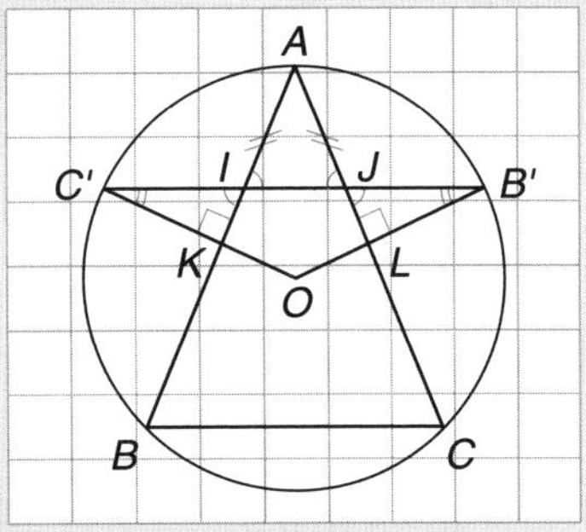

Les angles $\widehat{OC'I}$ et $\widehat{OB'J}$ ont même mesure, car ce sont les angles à la base du triangle isocèle $OB'C'$.

Dans le triangle $IC'K$ rectangle en K, les angles $\widehat{C'IK}$ et $\widehat{IC'K}$ sont complémentaires.

De même, dans le triangle $JB'L$ rectangle en L, les angles $\widehat{JB'L}$ et $\widehat{B'JL}$ sont complémentaires.

Les angles $\widehat{C'IB}$ et $\widehat{B'JC}$ ont donc même mesure, car complémentaires d'angles de même mesure.

Par conséquent, les angles $\widehat{AIJ}$ et $\widehat{AJI}$ ont même mesure, car ils sont respectivement opposés par le sommet à des angles de même mesure. Le triangle AIJ est donc isocèle.

solution 7

a. L'angle au centre d'un hexagone est de :

$$\frac{360°}{6} = 60°.$$

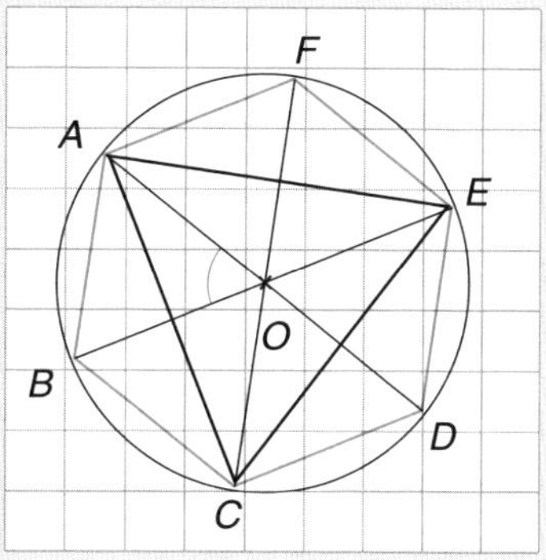

Deux sommets consécutifs forment avec le centre un triangle équilatéral.

Avec le compas, on reporte la distance *OA* depuis *A* jusqu'à un point *B* du cercle, puis de *B* à un point *C*, etc. On détermine ainsi, de proche en proche, tous les sommets de l'hexagone.

Pour le triangle équilatéral, l'angle au centre est le tiers de 360°, soit 120°. Il suffit de procéder comme pour l'hexagone, et ne prendre qu'un sommet sur deux.

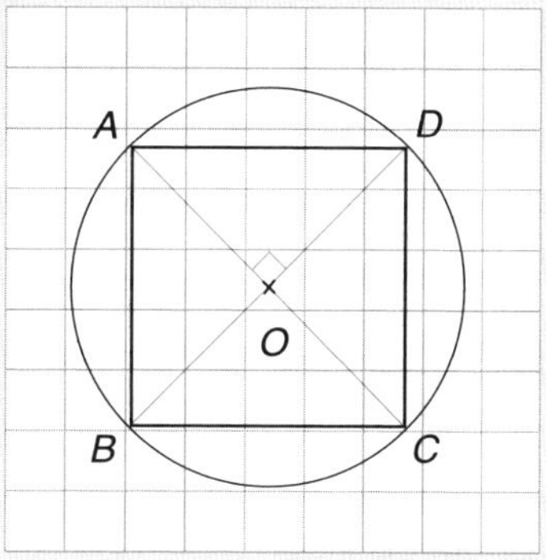

b. L'angle au centre d'un carré est le quart de 360°, soit 90°. Il suffit donc de prolonger (*OA*) et de tracer [*OB*), [*OC*) et [*OD*) formant avec [*OA*) des angles de 90°, 180° et 270°.

(Pour l'angle de 270°, on construit l'angle de 90° dans le sens indirect.)

solution **8**

1 a. Voir figure ci-contre.

b. L'angle en P du triangle PJC est un angle inscrit qui intercepte le même arc que l'angle en B du triangle ABC : il mesure donc aussi 60°. Le triangle PJC est un triangle isocèle qui a un angle de 60° : ses trois angles mesurent donc 60°, et il est équilatéral.

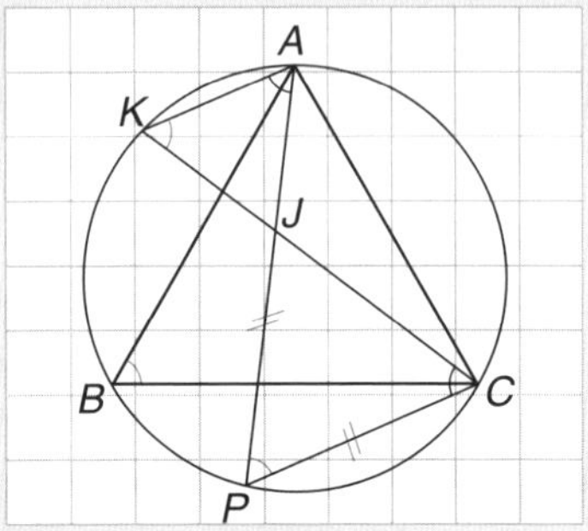

2 L'angle en K du triangle AJK intercepte le même arc que l'angle en B du triangle ABC : il mesure donc 60°.

L'angle en A du triangle AJK intercepte le même arc que l'angle en C du triangle PJC : il mesure donc aussi 60°. Le triangle AJK ayant deux angles de 60°, il est équilatéral.

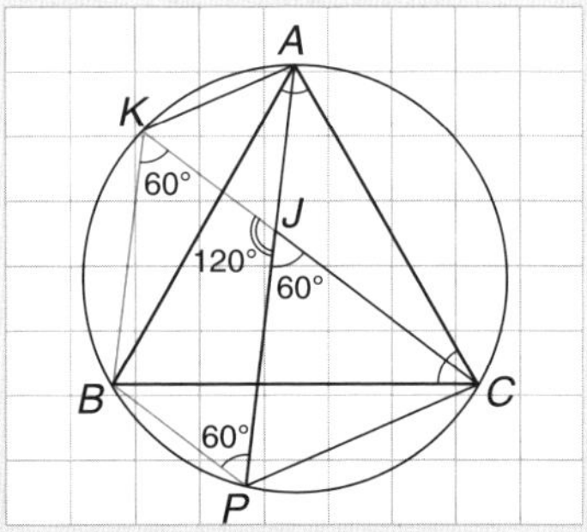

3 L'angle inscrit $\widehat{BKC}$ intercepte le même arc que l'angle $\widehat{BAC}$: il mesure donc aussi 60°.

De même, l'angle inscrit $\widehat{APB}$ a la même mesure que l'angle $\widehat{ACB}$: 60°.

On sait que $\widehat{PJC}$ mesure 60° ; l'angle $\widehat{PJK}$, supplémentaire, mesure donc 120°. Ainsi, le quadrilatère $PJKB$ a ses angles consécutifs supplémentaires (60° et 120°) : ses côtés opposés sont donc parallèles et c'est un parallélogramme.

4 J appartient au segment $[PA]$, donc :

$PJ + JA = PA$.

– AJK étant équilatéral, $JA = JK$; et $PJKB$ étant un parallélogramme, les côtés opposés $[PB]$ et $[JK]$ ont même longueur : $PB = JK$, et donc finalement, $PB = JA$.

– D'autre part, PJC étant équilatéral, $PJ = PC$.

– Par conséquent, $PJ + JA$ s'écrit encore $PC + PB$; on a donc prouvé la relation : $\boldsymbol{PB + PC = PA}$.

CHAPITRE

12

L'énoncé de Thalès

Une figure bien connue en 4e est formée par un triangle et les milieux des côtés. La « droite des milieux » fournit le thème de nombreux exercices.
Elle apparaît cette année comme un cas particulier d'un énoncé beaucoup plus général, l'énoncé de Thalès. Il suffit de feuilleter les annales du Diplôme National du Brevet pour constater qu'une majorité de sujets de géométrie reposent sur cet énoncé. Il permet de calculer des longueurs, en application des règles de calcul sur la proportionnalité. Par sa réciproque, il donne un moyen puissant de prouver que des droites sont parallèles.

Sommaire

Prévoir, pour la quinzaine à venir, quatre séances de travail d'environ une demi-heure, et les inscrire dans votre agenda.

séance 1 LA DROITE DES MILIEUX

JE RÉVISE...

Les résultats de cette séance ont été vus en 4e.

Direction de la droite des milieux

Si une droite contient **les milieux** de deux côtés d'un triangle, alors elle est **parallèle** au troisième côté.

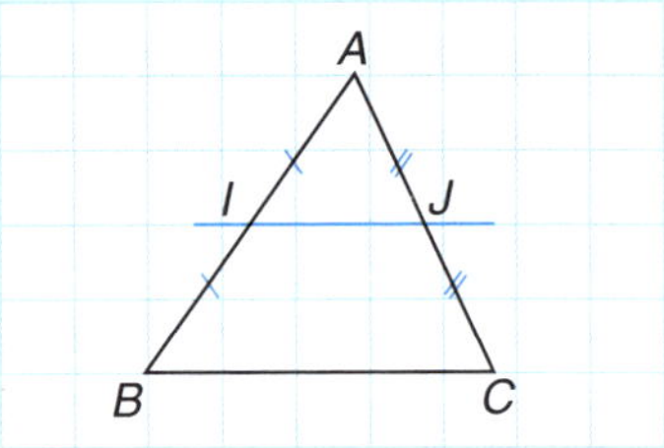

La **réciproque** de cet énoncé est aussi exacte :

Dans un triangle *ABC*, si une droite **parallèle** au côté (*BC*) contient le **milieu** du côté [*AB*], alors elle contient aussi le **milieu** du côté [*AC*].

Le triangle des milieux

En appliquant successivement aux côtés d'un triangle les résultats rappelés, on obtient une figure familière, le **triangle des milieux** :

A' est le milieu de [*BC*] ;

B' est le milieu de [*AC*] ;

C' est le milieu de [*BA*].

Les quadrilatères *BA'B'C'*, *CA'C'B'* et *AC'A'B'* sont des parallélogrammes.

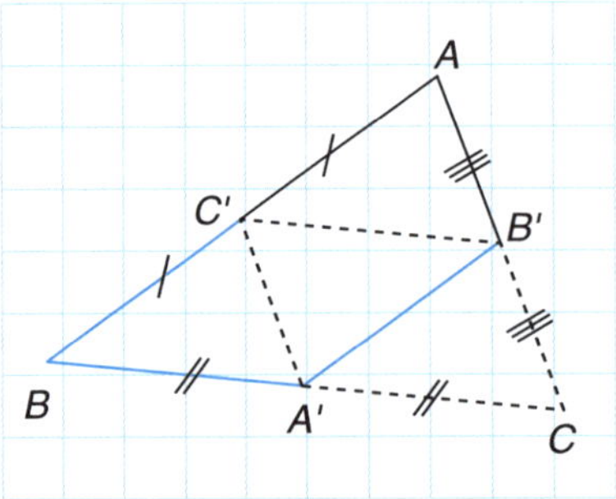

JE M'ENTRAÎNE...

exercice 1

On donne un triangle ABC et les milieux A', B', C' des côtés $[BC]$, $[CA]$ et $[AB]$. Les droites (AA') et (BB') se coupent en G.

1 **Justifier** le fait que $(A'C')$ est parallèle à (AC).

2 a. **Mener** par C' la parallèle à (BB') qui coupe (AA') en F et (AC) en K.
Mener par A' la parallèle à (BB') qui coupe (AC) en L.
b. **Justifier** le fait que F est le milieu de $[AG]$, et K le milieu de $[AB']$.
c. La parallèle à (BB') passant par F coupe (AC) en K et la parallèle à (BB') passant par A' coupe (AC) en L.
Montrer que B' est le milieu de $[KL]$ et G celui de $[FA']$.
d. **En déduire** que $AG = \frac{2}{3}AA'$.

3 **En déduire** que (CC') passe par G.

Solution p. 173

exercice 2

On donne un triangle ABC et un point M du segment $[BC]$.

1 **Mener** par M la parallèle à (AC) ; elle coupe (AB) en P. Mener par M la parallèle à (AB) ; elle coupe (AC) en N.
Soit I le milieu de $[PN]$ et J celui de $[AB]$.

2 **Montrer** que (IJ) est parallèle à (BC).

Solution p. 173

séance 2 L'ÉNONCÉ DE THALÈS

JE RÉVISE...

L'énoncé de Thalès

On donne un triangle ABC. Une droite $\mathscr{D}$ coupe les côtés (AB) et (AC) respectivement en B' et C'.

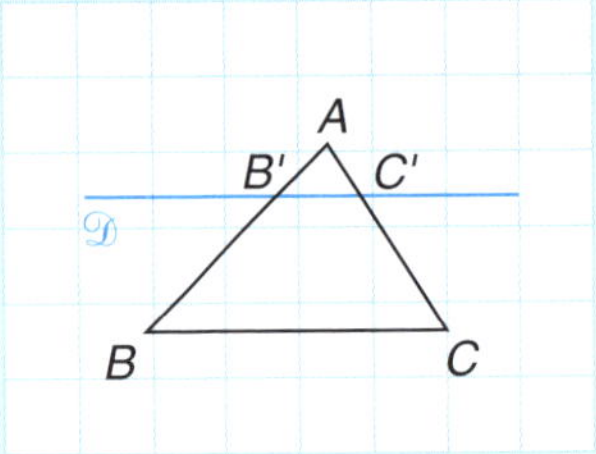

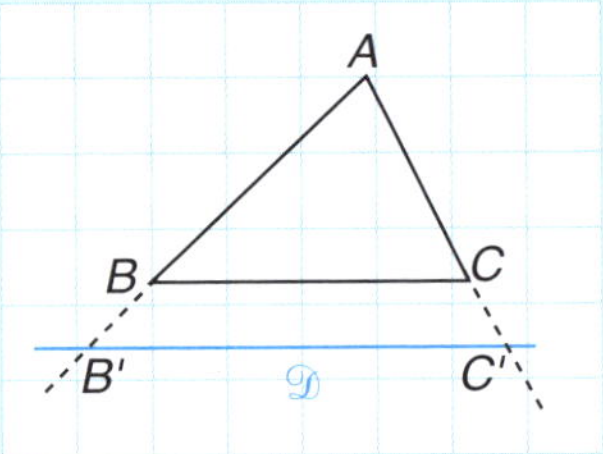

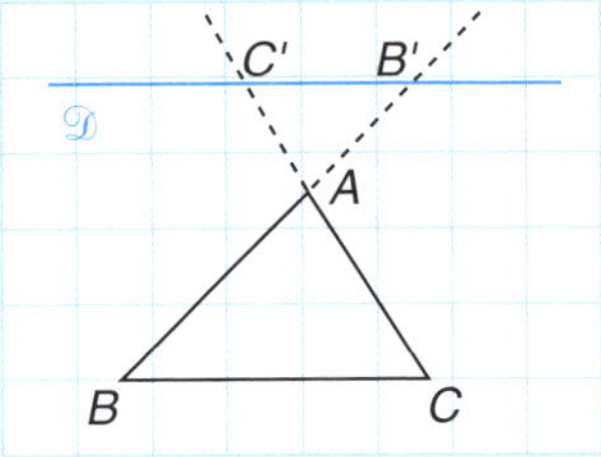

Si $\mathscr{D}$ // (BC), alors $\dfrac{AB'}{AB} = \dfrac{AC'}{AC}$.

Si $\mathscr{D}$ // (BC), alors $\dfrac{AB'}{AB} = \dfrac{AC'}{AC}$.

Si $\mathscr{D}$ // (BC), alors $\dfrac{AB'}{AB} = \dfrac{AC'}{AC}$.

→ ***Remarque :*** si la droite $\mathscr{D}$, parallèle à (BC), coupe $[AB]$ **en son milieu**, alors :

$$\frac{AB'}{AB} = \frac{AC'}{AC} = \frac{1}{2}.$$

Le point C' est donc le milieu de $[AC]$, et $\mathscr{D}$ est droite des milieux du triangle ABC.
Le résultat sur la droite des milieux est un cas particulier de l'énoncé de Thalès.

Calculs de longueurs

MÉTHODE

*Pour **calculer une longueur,** on peut utiliser l'énoncé de Thalès.*

Dans une figure correspondant à cet énoncé, lorsque trois des longueurs AB, AB', AC, AC' sont données, on calcule la quatrième en utilisant l'égalité :

$$\frac{AB'}{AB} = \frac{AC'}{AC}.$$

Exemples : si AB, AB' et AC sont connues, alors on écrit $AC' = AC \times \dfrac{AB'}{AB}$.

Si AB, AB' et AC' sont connues, alors on écrit : $AC = AC' \times \dfrac{AB}{AB'}$.

JE M'ENTRAÎNE...

exercice 3

1 On donne un segment $[AB]$. **Tracer** une droite contenant A mais pas B.

Porter sur cette droite, à l'aide d'un compas, trois segments consécutifs $[AA_1]$, $[A_1A_2]$, $[A_2A_3]$, de même longueur arbitraire.

2 **Expliquer** comment utiliser cette figure pour diviser le segment $[AB]$ en trois segments de même longueur. **Justifier** la méthode en utilisant l'énoncé de Thalès.

Solution p. 174

exercice 4

On donne un triangle ABC. Une droite parallèle à (AB) coupe le segment $[BC]$ en M et le segment $[AC]$ en N. On donne les longueurs :

$$AC = 7 \ ; BC = 9 \ ; BM = 4.$$

Calculer les longueurs AN et NC.

Solution p. 174

exercice 5

On donne un triangle ABC et le milieu I de $[BC]$.

1 Sur le segment $[AI]$, **marquer** le point G tel que $AG = \frac{2}{3} AI$, et **mener** par G :

– la parallèle à (AB) qui coupe (BC) en B' ;
– la parallèle à (AC) qui coupe (BC) en C'.

2 **Montrer** que les points B, B', C', C forment une division régulière (c'est-à-dire que $BB' = B'C' = C'C$).

Solution p. 174

séance 3 LA RÉCIPROQUE DE L'ÉNONCÉ DE THALÈS

JE RÉVISE...

L'énoncé réciproque

On donne un triangle *ABC*. Une droite $\mathcal{D}$ coupe les côtés (*AB*) et (*AC*) respectivement en *B*' et *C*'.
On suppose que les points *A*, *B*, *B*' d'une part, *A*, *C*, *C*' d'autre part, se succèdent **dans le même ordre** sur les droites qui les portent.

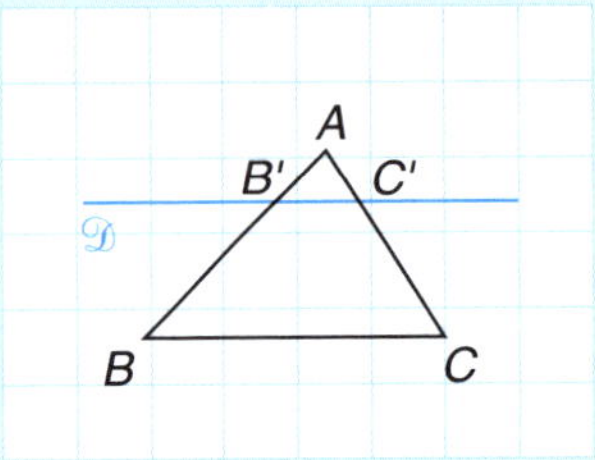

Si $\dfrac{AB'}{AB} = \dfrac{AC'}{AC}$

alors $\mathcal{D}$ // (*BC*).

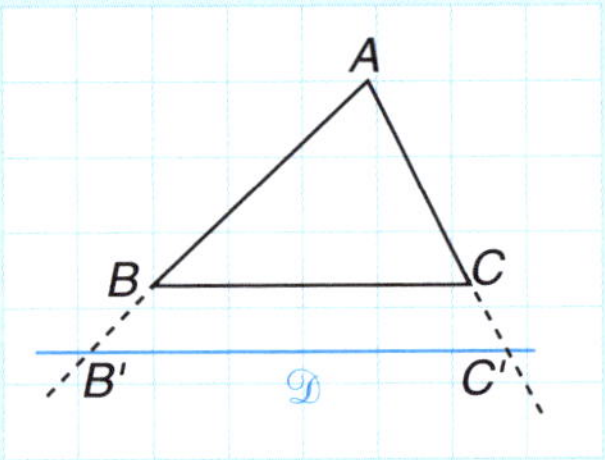

Si $\dfrac{AB'}{AB} = \dfrac{AC'}{AC}$

alors $\mathcal{D}$ // (*BC*).

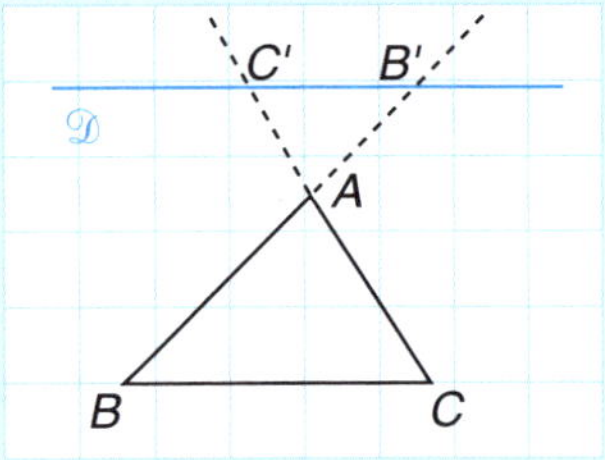

Si $\dfrac{AB'}{AB} = \dfrac{AC'}{AC}$

alors $\mathcal{D}$ // (*BC*).

→ ***Attention :*** l'ordre des points est fondamental ; ainsi, dans la figure ci-contre, les rapports :

$$\frac{AB'}{AB} \text{ et } \frac{AC'}{AC}$$

sont bien égaux, mais les droites (*BC*) et (*B*'*C*') ne sont manifestement pas parallèles !

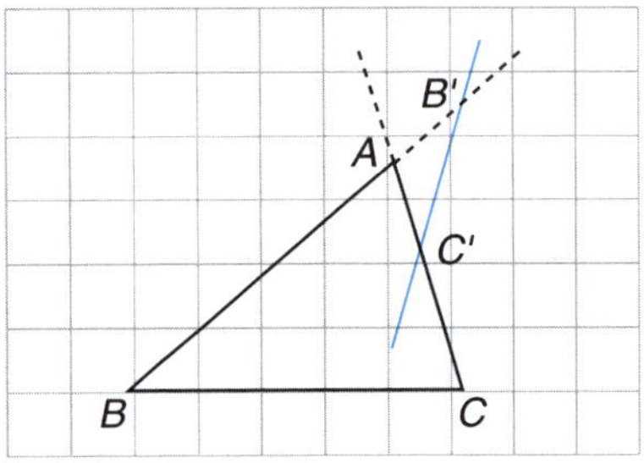

Application aux démonstrations

MÉTHODE

Pour ***prouver que deux droites sont parallèles,*** *on peut utiliser cet énoncé réciproque. Dans les cas où l'on connaît les quatre longueurs AB, AB', AC, AC' :*
– on vérifie, d'une part, la condition sur l'ordre de ces points ;
– on vérifie, d'autre part, l'égalité :

$$\frac{AB'}{AB} = \frac{AC'}{AC}$$

JE M'ENTRAÎNE...

exercice 6

On donne quatre points O, A, B, C non situés sur une même droite, et les distances : $OA = 4$; $OB = 5$; $OC = 6$; $BC = 11$.

1 **Vérifier** par le calcul que B, O, C sont alignés.

2 Soit M un point de la droite (OA) tel que O soit entre M et A.

a. **Déterminer** la distance OM pour que (AC) et (BM) soient parallèles.

b. **Déterminer** la distance OM pour que (AB) et (MC) soient parallèles.

Solution p. 175

exercice 7

Pour tisser sa toile, une araignée a tissé six demi-droites d'origine O, puis les segments :

$[A_1 A_2]$ parallèle à $[B_1 B_2]$,

$[A_2 A_3]$ parallèle à $[B_2 B_3]$

et ainsi de suite jusqu'à :

$[A_5 A_6]$ parallèle à $[B_5 B_6]$.

Démontrer que, si l'araignée termine sa toile, les segments $[A_6 A_1]$ et $[B_6 B_1]$ seront parallèles.

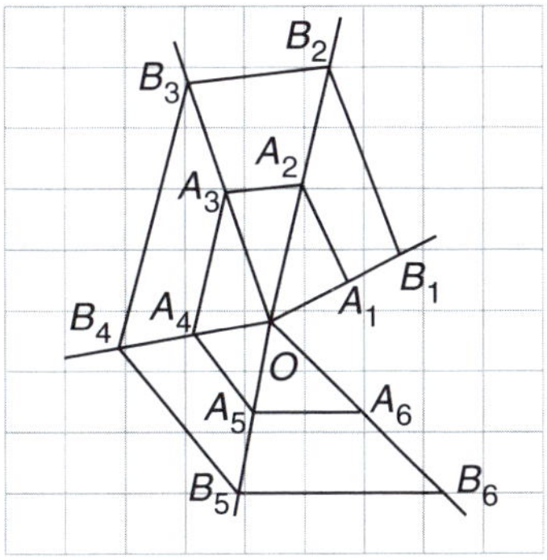

Solution p. 175

séance 4

EXTENSION DE L'ÉNONCÉ DE THALÈS

JE RÉVISE...

Le théorème de Thalès généralisé

Une droite $\mathcal{D}$, parallèle au côté (*BC*) d'un triangle *ABC*, coupe les côtés (*AB*) et (*AC*) respectivement en *B*' et *C*'.

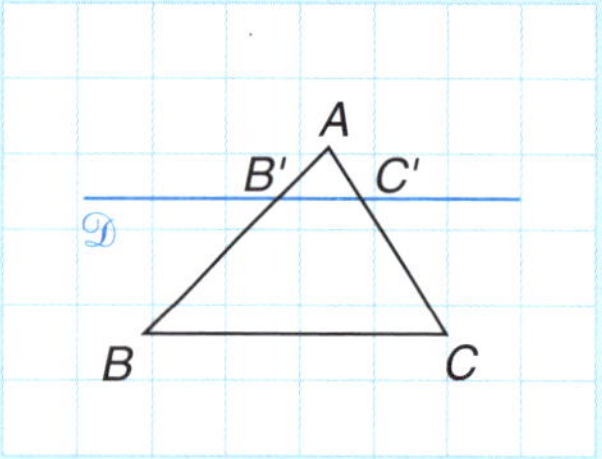

Si $\mathcal{D}$ // (*BC*), alors

$$\frac{AB'}{AB} = \frac{AC'}{AC} = \frac{B'C'}{BC}.$$

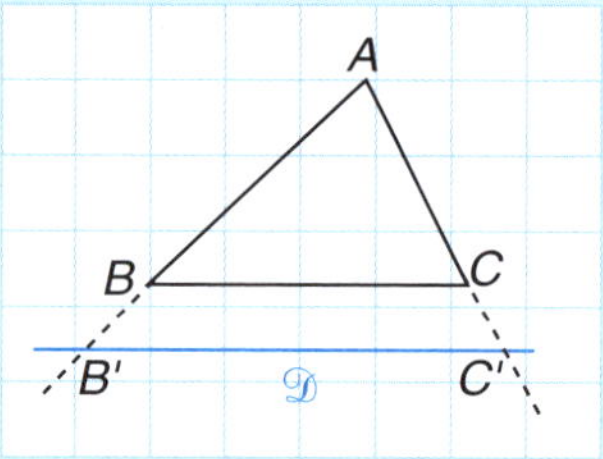

Si $\mathcal{D}$ // (*BC*), alors

$$\frac{AB'}{AB} = \frac{AC'}{AC} = \frac{B'C'}{BC}.$$

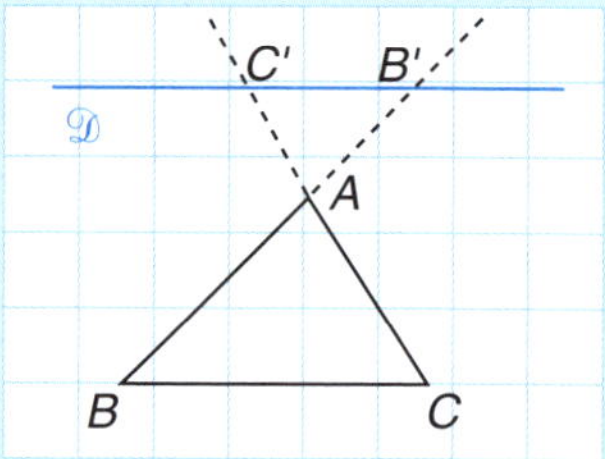

Si $\mathcal{D}$ // (*BC*), alors

$$\frac{AB'}{AB} = \frac{AC'}{AC} = \frac{B'C'}{BC}.$$

→ ***Remarque :*** dans l'énoncé initial, on affirmait seulement l'égalité des deux premiers rapports.

Cas particulier : si $\mathcal{D}$ est droite des milieux du triangle *ABC*, alors *B*' et *C*' sont respectivement les milieux des segments [*AB*] et [*AC*] ; dans ce cas :

$$\frac{AB'}{AB} = \frac{AC'}{AC} = \frac{1}{2} \quad \text{et donc} \quad \frac{B'C'}{BC} = \frac{1}{2}.$$

JE M'ENTRAÎNE...

exercice 8

On considère la figure ci-contre, dans laquelle les droites (*BD*) et (*CE*) sont parallèles, et où :

$AB = 3 \quad AC = 7 \quad AD = 4 \quad BD = 4.$

Calculer les longueurs suivantes, en justifiant les formules utilisées :

a. *AE*. **b.** *DE*. **c.** *CE*.

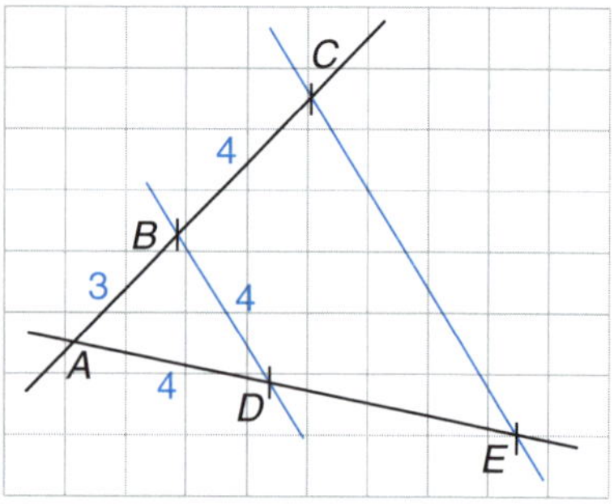

Solution p. 175

exercice 9

ABCD est un trapèze rectangle de bases [*AB*] et [*CD*] tel que, en cm : $AB = 3$; $DC = 6$; et $AD = 2$.

On complétera le dessin au fur et à mesure.

1 Les diagonales du trapèze se coupent en *G*.
Montrer que $\frac{GA}{GC} = \frac{GB}{GD} = \frac{1}{2}$.

2 Les demi-droites [*DA*) et [*CB*) se coupent en *O*. **Montrer** que *A* est le milieu de [*OD*] et *B* celui de [*OC*].

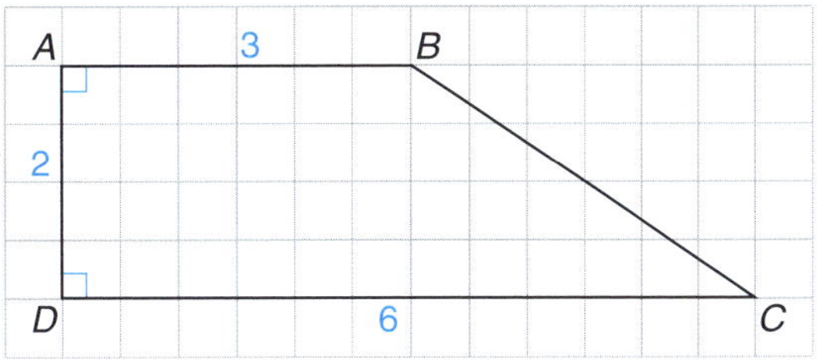

3 **Montrer** que la droite (*OG*) coupe le segment [*DC*] en son milieu.

Solution p. 176

pour faire le point

Chercher les exercices sans connaître son cours, c'est perdre son temps. L'auto-test vous aide à faire le point sur vos connaissances : répondre « vrai » ou « faux » à chaque affirmation, puis se reporter aux solutions p. 226.

Auto-test

1. La droite qui joint les milieux de deux côtés d'un triangle est parallèle au troisième côté. (→ séance 1)

2. Dans un triangle ABC, la parallèle au côté (AB) contient les milieux des deux autres côtés. (→ séance 1)

3. Une droite $\mathcal{D}$, parallèle au côté (BC) d'un triangle ABC, coupe les autres côtés en B' et C'. Alors, les rapports $\frac{AB'}{AB}$ *et* $\frac{AC'}{AC}$ sont égaux. (→ séance 2)

4. Une droite $\mathcal{D}$, parallèle au côté (BC) d'un triangle ABC, coupe les autres côtés en B' et C'. Alors, les rapports $\frac{AC'}{AC}$ *et* $\frac{B'C'}{AC}$ sont égaux. (→ séance 4)

5. Dans la figure ci-contre, si $OA = 3$, $OB = 2$, $AC = 4$, $BD = 3$, alors $(AB) // (CD)$. (→ séance 3)

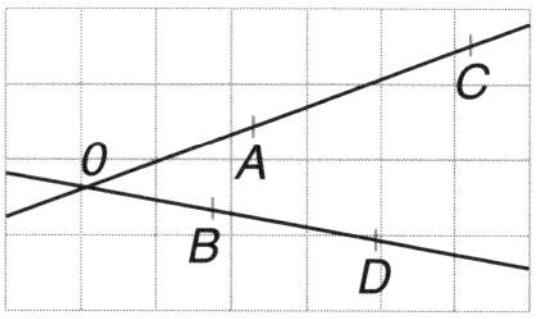

6. Dans la figure ci-contre, si $OA = 4$, $OB = 3$, $AC = 2{,}5$, $BD = 1{,}5$, alors $(AB) // (CD)$. (→ séance 3)

7. Dans la figure ci-dessus, si $(AB) // (CD)$ et si $OA = 3$, $OB = 2{,}5$, $BD = 5$, alors $AC = 6$. (→ séance 2)

8. Dans la figure ci-dessus, si $(AB) // (CD)$ et si $OA = 2$, $OB = 2$, $AC = 6$, alors $BD = 6$. (→ séance 2)

9. Dans la figure ci-contre, si $(AB) // (CD)$ et si $OA = 1{,}5$, $OB = 1$, $OC = 3$, $OD = 4{,}5$ alors $CD = 6$. (→ séance 4)

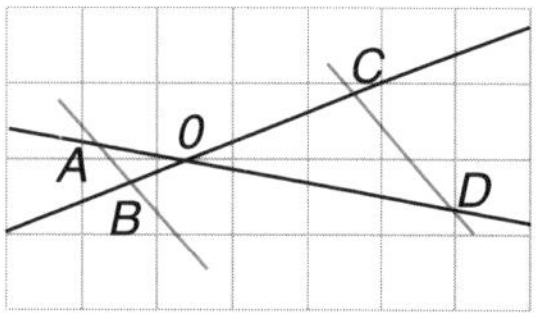

10. Dans la figure ci-contre, si $(AB) // (CD)$ et si $OA = 4$, $OB = 7$, $OC = 14$, $OD = 8$ et $CD = 12$, alors $AB = 6$. (→ séance 4)

Réponses p. 226

solution 1

1 ($A'C'$) est une droite des milieux du triangle ABC, et est donc parallèle à (AC).

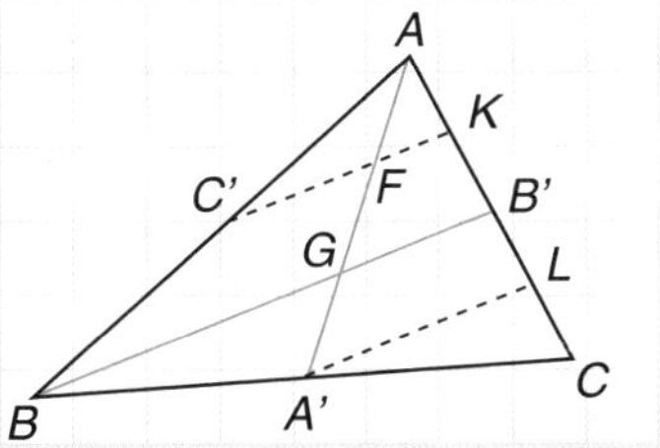

2 a. Voir figure.

b. ($C'F$) contient C' et est parallèle à (BG) : elle contient donc le milieu de [AG], qui est F, et le milieu K de [AB'].

c. La parallèle à (BB') contenant le milieu A' de [BC] contient le milieu L de [$B'C$].

Par conséquent, $B'L = LC = \frac{1}{2} B'C = \frac{1}{4} AC$ (B' est le milieu de [AC]).

D'après la question **2b.** : $AK = KB' = \frac{1}{2} AB' = \frac{1}{4} AC$ (même remarque).

Donc $KB' = B'L$: B' est le milieu de [KL].

On a alors $\frac{AG}{AF} = \frac{AB'}{AK} = 2$ et $\frac{AA'}{AF} = \frac{AL}{AK} = 3$.

Donc $AA' = 3AF$ et $AG = 2AF$.

On en déduit $GA' = GF$: G est le milieu de [FA'].

d. D'une part : $AF = FG$;

d'autre part : $FG = GA'$.

Donc $AF = FG = GA' = \frac{1}{3} AA'$,

et donc : $AG = \frac{2}{3} AA'$.

3 Si on avait raisonné de la même façon avec B' qu'avec C', on aurait démontré ainsi que (CC') coupe (AA') en un point G' tel que : $AG = \frac{2}{3} AA'$.

G' est donc confondu avec G. On retrouve la propriété connue des médianes d'un triangle.

solution 2

1 Voir figure ci-contre.

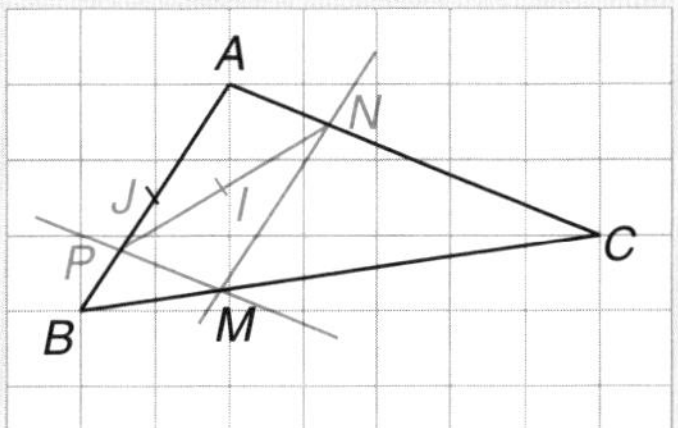

2 Par construction, le quadrilatère ($MNAP$) est un parallélogramme. Ses diagonales [PN] et [AM] ont donc le même milieu I.

La droite (IJ) joint les milieux des côtés [AB] et [AM] du triangle ABM. Elle est donc parallèle à (BM) c'est-à-dire à (BC).

SOLUTIONS DES *exercices*

solution 3

2 Il suffit de tracer la droite (A_3B), et les parallèles à cette droite passant, l'une par A_1, l'autre par A_2.

En effet : par notre construction, $\dfrac{AA_3}{AA_1} = 3$ et $\dfrac{AA_2}{AA_1} = 2$; par l'énoncé de Thalès, on en déduit que : $\dfrac{AB}{AB_1} = 3$ et $\dfrac{AB_2}{AB_1} = 2$.

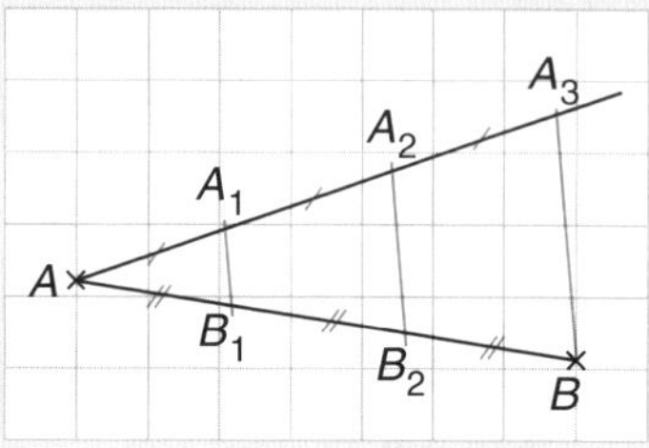

solution 4

D'après le théorème de Thalès :

$\dfrac{CB}{CM} = \dfrac{CA}{CN}$; on en déduit : $CN = CA \times \dfrac{CM}{CB'}$ soit avec les valeurs numériques données : $CN = 7 \times \dfrac{5}{9} = \dfrac{35}{9}$.

Par conséquent : $AN = AC - NC = 7 - \dfrac{35}{9} = \dfrac{28}{9}$.

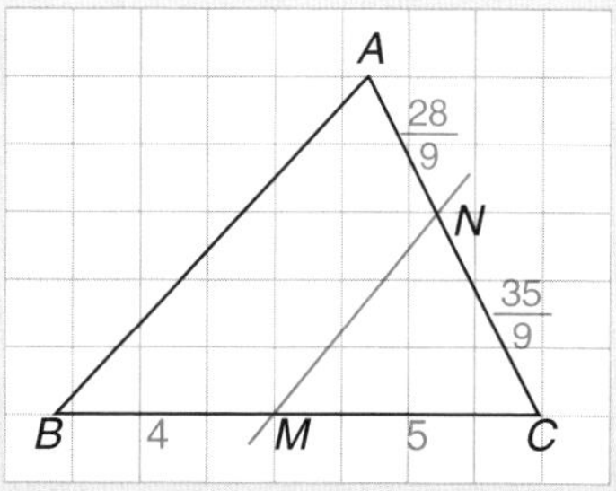

solution 5

1 Voir figure ci-contre.

2 Le théorème de Thalès appliqué au triangle AIB donne : $\dfrac{IB'}{IB} = \dfrac{IG}{IA}$;

or $IG = AI - AG = AI - \dfrac{2}{3} AI = \dfrac{1}{3} AI$,

et donc : $\dfrac{IG}{IA} = \dfrac{1}{3}$.

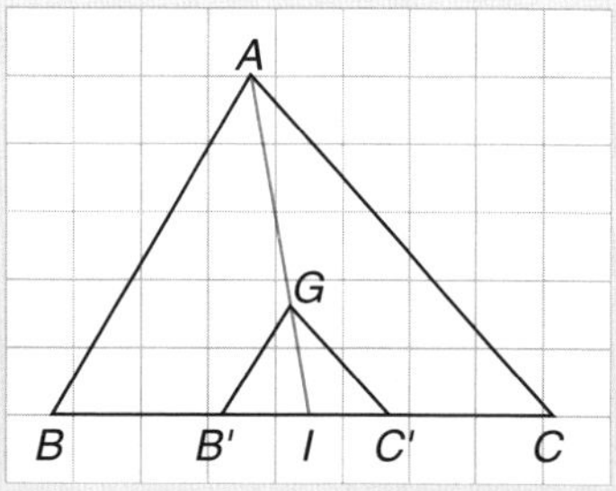

En considérant les sécantes (IC) et (AI) et les parallèles ($C'G$) et (CA), on démontre de même que : $\dfrac{IC'}{IC} = \dfrac{1}{3}$.

Nous avons donc les relations : $IB' = \dfrac{1}{3} IB$; $IC' = \dfrac{1}{3} IC$;

d'où $IB' + IC' = \dfrac{1}{3}(IB + IC)$, soit $C'B' = \dfrac{1}{3} CB$.

De plus, I étant le milieu de $[CB]$; $B'B = IB - IB' = \dfrac{2}{3} IB = \dfrac{1}{3} CB$,

et de même : $CC' = \dfrac{1}{3} CB$.

Les relations : $CC' = C'B' = B'B$, montrent que les quatre points B, B', C', C forment bien une division régulière.

solution 6

1 La relation : $BC = BO + OC$ montre que les points O, B, C sont alignés et que O est situé entre B et C.

2 a. D'après le théorème de Thalès, les droites (AC) et (BM) sont parallèles lorsque : $\frac{OM}{OA} = \frac{OB}{OC}$; d'où ici : $\frac{OM}{OA} = \frac{5}{6}$, et $OM = \frac{5}{6} \times 4 = \frac{10}{3}$.

b. De même, les droites (AB) et (CM) sont parallèles lorsque : $\frac{OM}{OA} = \frac{OC}{OB}$;

d'où ici : $\frac{OM}{OA} = \frac{6}{5}$, et $OM = \frac{6}{5} \times 4 = 4{,}8$.

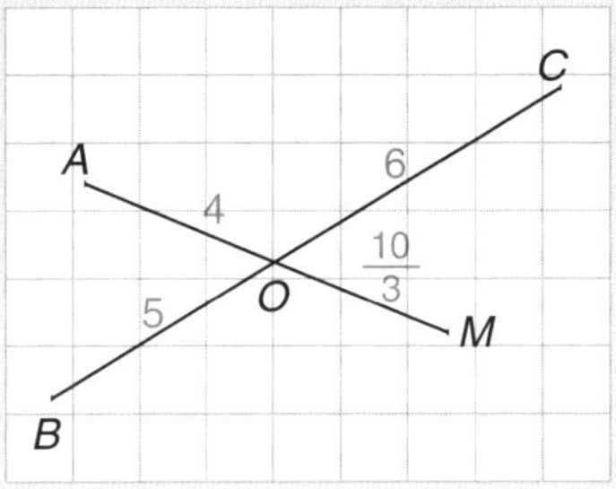

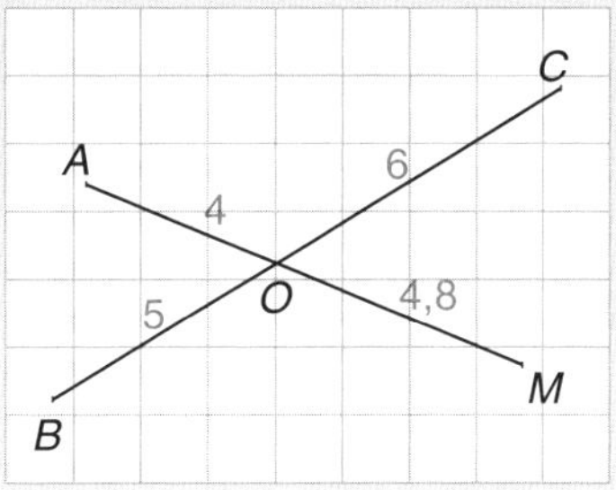

solution 7

D'après le théorème de Thalès, $\frac{OA_1}{OB_1} = \frac{OA_2}{OB_2}$;

et de même, $\frac{OA_2}{OB_2} = \frac{OA_3}{OB_3} = \frac{OA_6}{OB_6}$.

On a donc la relation : $\frac{OA_1}{OB_1} = \frac{OA_6}{OB_6}$.

La réciproque du théorème de Thalès permet alors d'affirmer que les droites (A_6A_1) et (B_6B_1) sont parallèles.

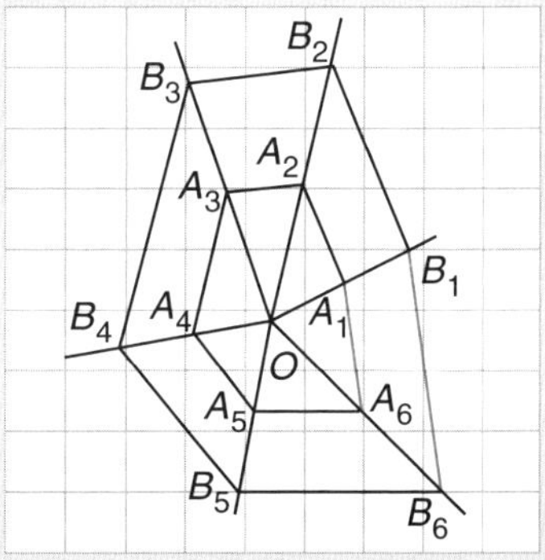

solution 8

a. Le théorème de Thalès permet d'écrire :

$\frac{AE}{AD} = \frac{AC}{AB}$ et donc de calculer $AE = 4 \times \frac{7}{3} = \frac{28}{3}$.

b. $DE = AE - AD = \frac{28}{3} - 4 = \frac{16}{3}$.

c. L'énoncé de Thalès généralisé permet d'écrire : $\frac{CE}{BD} = \frac{AC}{AB} = \frac{7}{3}$

et donc de calculer : $CE = 4 \times \frac{7}{3} = \frac{28}{3}$.

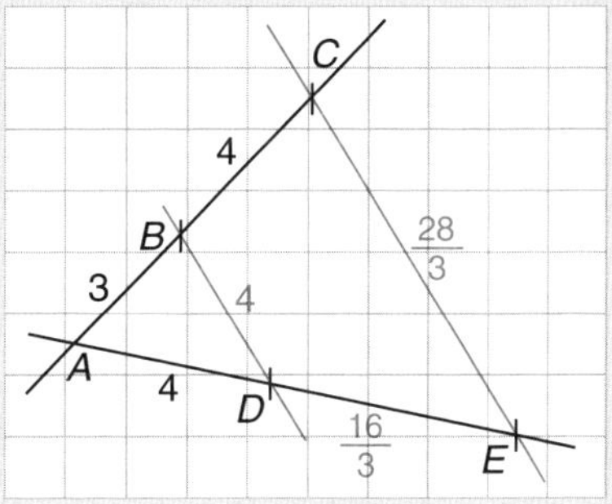

solution 9

1 Le théorème de Thalès généralisé permet d'écrire : $\frac{GA}{GC}=\frac{GB}{GD}=\frac{AB}{CD}$

et ce dernier rapport est égal à $\frac{1}{2}$.

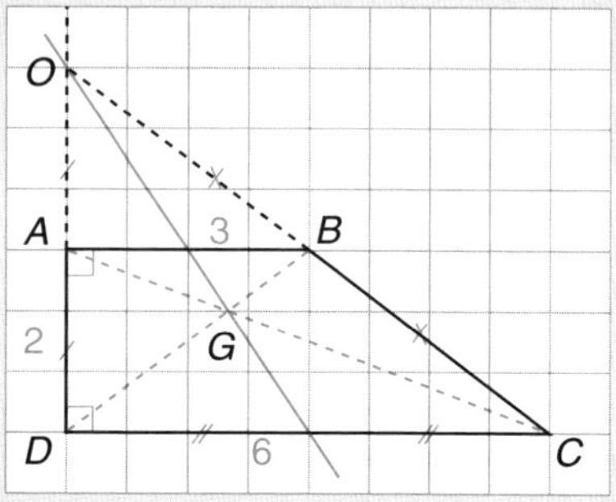

2 Le théorème de Thalès généralisé permet d'écrire : $\frac{OA}{OD}=\frac{OB}{OC}=\frac{AB}{CD}$

et ce dernier rapport est égal à $\frac{1}{2}$.

A est donc le milieu de [*OD*] et *B* celui de [*OC*].

3 Les droites (*CA*) et (*DB*) sont deux médianes du triangle *OCD*, et elles se coupent en *G*. La droite (*OG*) est donc la troisième médiane, et coupe bien le segment [*CD*] en son milieu.

CHAPITRE 13

Sections planes de solides

L'étude des solides a pour but d'apprendre à voir dans l'espace, et à y calculer des longueurs et des aires en utilisant les méthodes et les formules connues en géométrie plane. Les formules donnant le volume d'une pyramide ou d'un cylindre sont l'occasion d'étendre les observations faites sur les longueurs et les aires dans le cas d'une réduction ou d'un agrandissement de la figure.
Enfin, les sections planes de cônes ou de pyramides constituent un cas particulier important de réductions de figures.

Sommaire

Prévoir, pour la quinzaine à venir, quatre séances de travail d'environ une demi-heure, et les inscrire dans votre agenda.

séance 1 PARALLÉLÉPIPÈDE RECTANGLE

JE RÉVISE...

Sections par un plan parallèle à une face

Pour simplifier le langage, on considère le parallélépipède rectangle $ABCDA'B'C'D'$ et on observe les faces $ABCD$ et $A'B'C'D'$ qu'on qualifie d'horizontales, comme sur la figure. Alors, un plan parallèle à l'une de ces faces (et donc aux deux) est appelé **plan horizontal**.

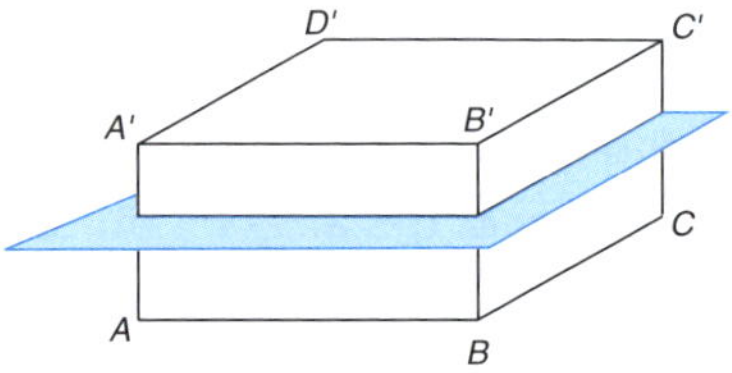

La section du parallélépipède rectangle par le plan horizontal dessiné est un rectangle. Ce rectangle est égal au rectangle $ABCD$ (et donc au rectangle $A'B'C'D'$).

> La section d'un parallélépipède rectangle par un plan parallèle à l'une de ses faces est un rectangle, égal à cette face.

L'énoncé précédent reste vrai si le parallélépipède rectangle donné est un cube.

Sections par un plan parallèle à une arête

Pour simplifier le langage, on considère encore le parallélépipède rectangle $ABCDA'B'C'D'$ dans la position indiquée sur la figure. On observe maintenant les sections par un plan parallèle à l'arête (AA') et donc aussi aux arêtes (BB'), (CC'), (DD'). Un tel plan est naturellement appelé **plan vertical**.

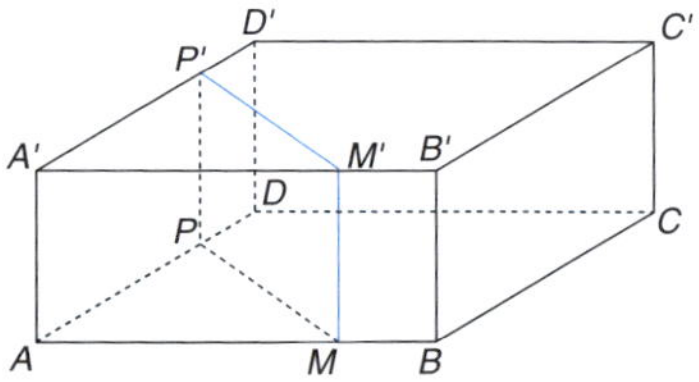

La section du parallélépipède rectangle par le plan vertical dessiné est un rectangle.

Les côtés (MM') et (PP') sont égaux aux arêtes telles que (AA').

> La section d'un parallélépipède rectangle par un plan parallèle à l'une de ses arêtes est un rectangle, dont deux côtés ont même longueur que cette arête.

L'énoncé précédent reste vrai si le parallélépipède rectangle donné est un cube, mais aucune propriété supplémentaire n'est ici mise en évidence.

JE M'ENTRAÎNE…

exercice 1

On donne un parallélépipède rectangle $ABCDA'B'C'D'$ et les longueurs

$AA' = 4$; $AB = 4$; $BC = 7$.

Déterminer tous les plans parallèles à une des faces, et tels que la section soit un carré.

Quelle est la longueur du côté d'un tel carré ?

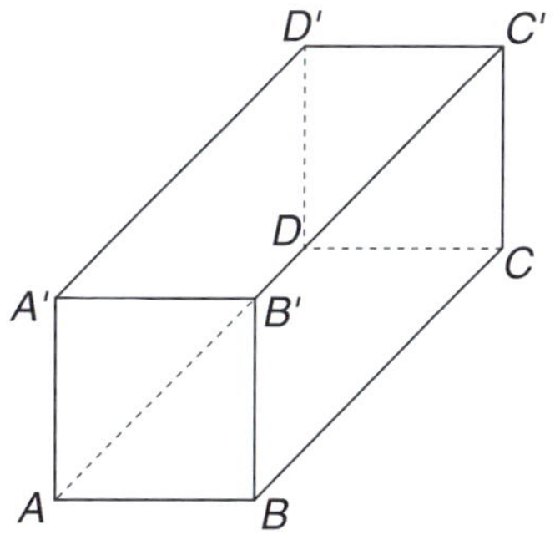

Solution p. 188

exercice 2

On donne un parallélépipède rectangle $ABDCA'B'D'C'$ et les longueurs

$AA' = 5$; $AB = 6$; $AC = 8$.

Soit M le milieu du segment $[AC]$. Comment choisir un point N sur le segment $[AB]$ en sorte que la distance MN soit égale à 5 ?

Déterminer deux plans parallèles à (AA') tels que leur section par le parallélépipède rectangle soit un carré.

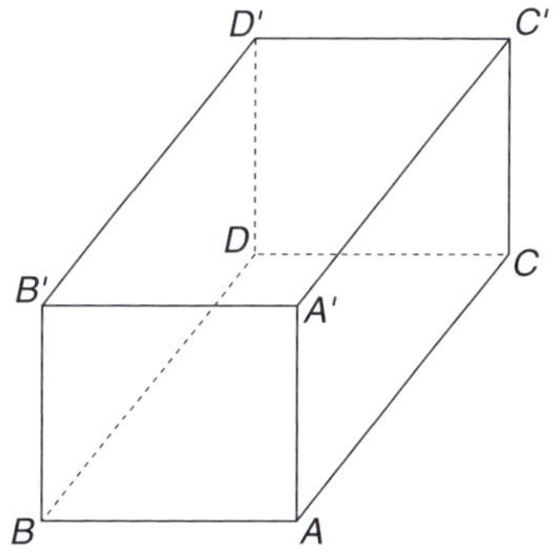

Solution p. 188

séance 2 CYLINDRES

JE RÉVISE...

Rappels de définitions

Lorsqu'on fait tourner un rectangle autour d'un de ses côtés, on engendre un solide appelé **cylindre de révolution**. Le côté utilisé est appelé axe du cylindre.

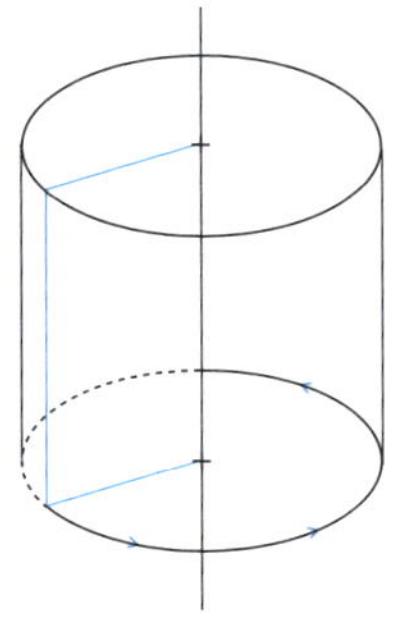

Les positions occupées par le côté parallèle à l'axe dans ce mouvement sont les **génératrices.**

Les deux autres côtés du rectangle balayent des disques de même rayon, appelés **bases** du cylindre.

Nous utiliserons encore le langage imagé décrit par les termes **horizontal** ou **vertical.**

Sections par un plan parallèle aux bases

Un tel plan est perpendiculaire à l'axe du cylindre. Dans notre langage, c'est un plan horizontal.

La section du cylindre par le plan horizontal dessiné est un disque. Ce disque a le même rayon que les bases.

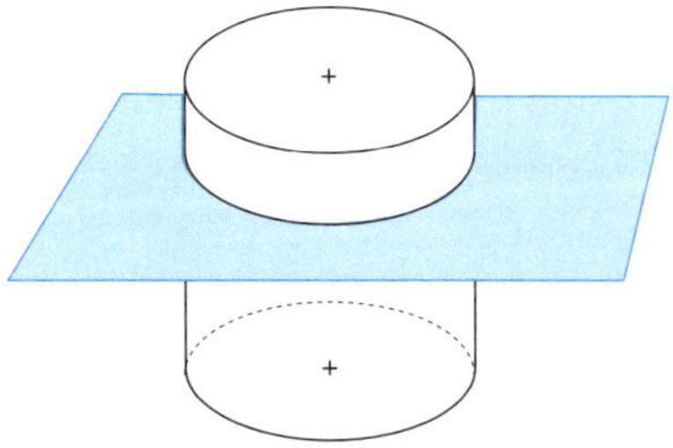

> La section d'un cylindre par un plan parallèle à ses bases est un disque, de même rayon que les bases.

→ ***Remarque*** : lorsqu'on regarde le cylindre, non comme un solide, mais comme une surface, il faut modifier légèrement cet énoncé ; on énonce alors :

> La section d'un cylindre par un plan parallèle à ses bases est un cercle, de même rayon que les bases.

Sections par un plan parallèle à l'axe

La section du cylindre par le plan vertical dessiné est un rectangle.

Les côtés (MM') et (PP') ont même longueur que les génératrices telles que (AA'), et aussi que l'axe (OO').

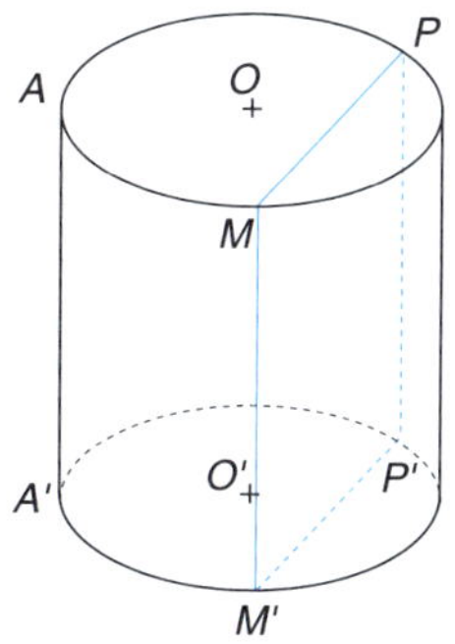

> La section d'un cylindre par un plan parallèle à son axe est un rectangle, dont deux côtés ont même mesure que la hauteur du cylindre.

→ ***Remarque*** : les génératrices étant parallèles à l'axe, l'énoncé précédent peut s'adapter en écrivant : la section d'un cylindre par un plan parallèle à une génératrice est un rectangle, dont deux côtés ont même longueur que cette génératrice.

JE M'ENTRAÎNE...

exercice 3

On donne un cylindre et les longueurs
$OA = 4$, $OO' = 7$.

Déterminer sa section par un plan contenant les points O et O'.

Expliquer comment on pourrait construire un plan tel que sa section par le cylindre soit un carré.

Les réponses sont-elles modifiées si, au lieu des longueurs données, on donne $OA = 4$ et $OO' = 9$?

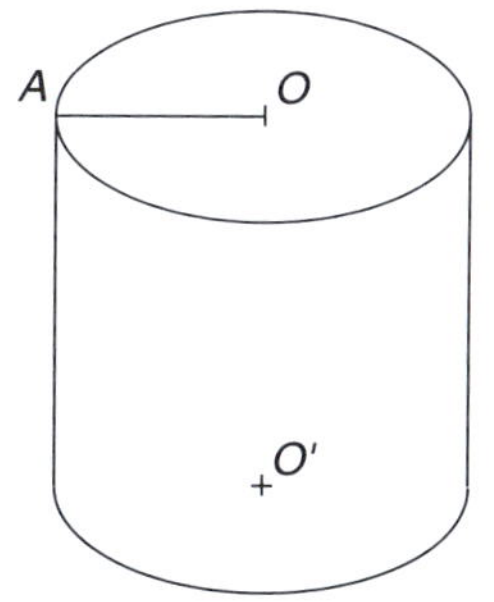

Solution p. 189

séance 3 SECTIONS DE CÔNES OU DE PYRAMIDES

JE RÉVISE...

Section d'une pyramide

Lorsqu'on coupe un solide par un plan, on obtient une **section plane**.

La section d'une pyramide par un plan **parallèle au plan de base** est un polygone, qui est une **réduction de la base** de cette pyramide.
(On dit aussi que la base est un **agrandissement** de la section.)

Base : $\mathcal{B}$

Réduction : $\mathcal{B}'$

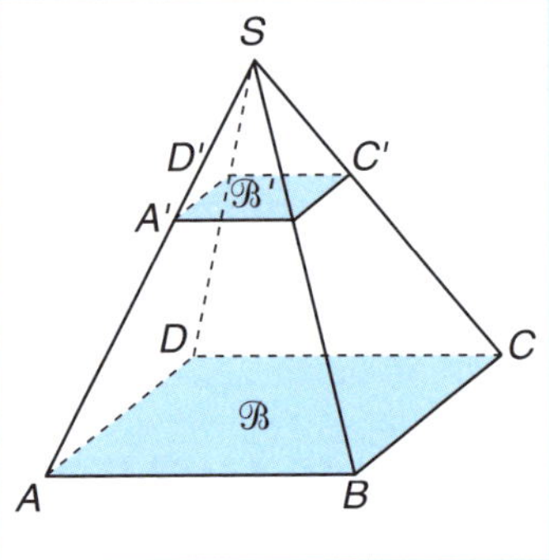

→ ***Remarque :*** la pyramide de sommet S et de base $\mathcal{B}'$ est aussi **une réduction** de la pyramide initiale.

Section d'un cône de révolution

La section d'un cône par un plan **parallèle au plan de base** est un cercle, qui est une **réduction de la base** de ce cône.

Base : $\mathcal{C}$

Réduction : $\mathcal{C}'$

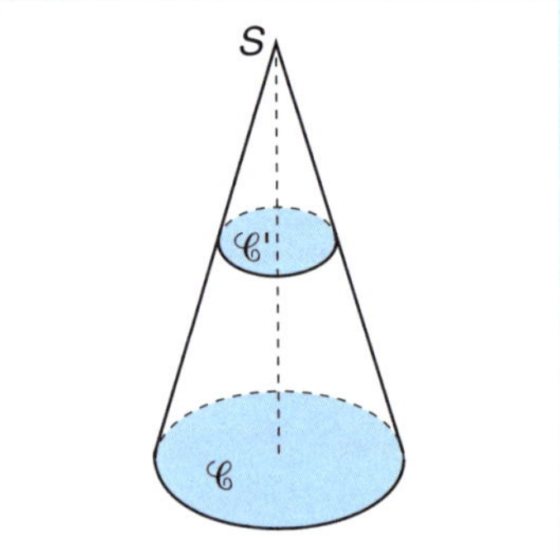

→ ***Remarque :*** le cône de sommet S et de base $\mathcal{C}'$ est aussi une **réduction** du cône initial.

Rapport de réduction dans une section plane

On coupe une pyramide ou un cône de hauteur h par un plan situé à la distance d du sommet, et parallèle au plan de base.

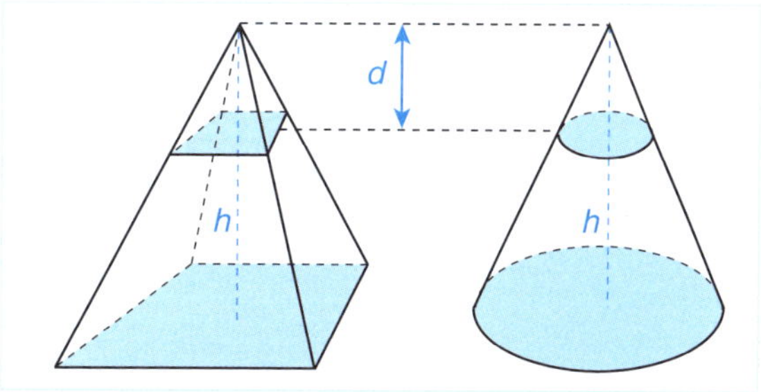

> Quand on passe du solide initial à sa réduction, toutes les longueurs sont réduites dans le même rapport : $k = \frac{h}{d}$, appelé **rapport de réduction**.

Exemples : si un côté de la base de la pyramide a une longueur L, alors le côté du polygone de section a pour longueur :

$$l = \frac{d}{h} \times L.$$

Si le rayon de la base du cône a une longueur R, alors le rayon du cercle de section a pour longueur :

$$r = \frac{d}{h} \times R.$$

JE M'ENTRAÎNE...

exercice 4

1 Une pyramide à base triangulaire a une hauteur de 20 cm, et sa base a pour aire 35 cm^2. On la coupe par un plan parallèle à la base et situé à 5 cm du sommet.

Calculer l'aire de la section obtenue.

2 Un cône de révolution a une hauteur de 20 cm, et sa base a pour rayon 10 cm. On le coupe par un plan parallèle à la base et situé à 4 cm du sommet.

Calculer l'aire de la section obtenue.

Solution p. 189

exercice 5

1 À quelle hauteur faut-il couper une pyramide de 10 cm de haut pour que la section ait une aire 4 fois plus petite que la base ?

2 Même question pour un cône de révolution de 10 cm de haut.

Solution p. 190

exercice **6**

On coupe un cône de révolution par un plan parallèle au plan de base. La hauteur du cône est 8 cm et les deux plans sont distants de 3 cm.

Calculer le rapport des aires des deux disques ainsi définis.

Solution p. 190

séance 4 AGRANDISSEMENTS ET RÉDUCTIONS

JE RÉVISE...

Volume d'un cône ou d'une pyramide

Le **volume** d'un cône ou d'une pyramide est égal au tiers du produit de la hauteur par l'aire de la base :

$$\mathcal{V} = \frac{\mathcal{B} \times \boldsymbol{h}}{\mathbf{3}}.$$

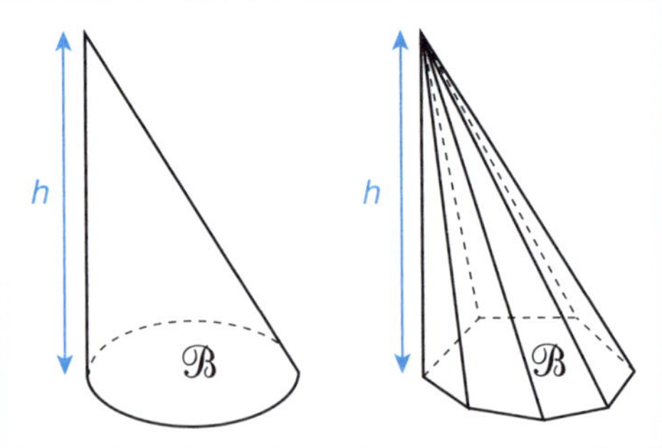

→ ***Attention*** : comme dans tous les cas analogues, les mesures doivent être exprimées **avec des unités correspondantes**. Par exemple, si la hauteur est mesurée en **cm**, l'aire de la base doit être exprimée en $\mathbf{cm^2}$, et le volume est alors obtenu en $\mathbf{cm^3}$.

Effet d'un agrandissement ou d'une réduction sur les aires et les volumes

Lorsque, par un agrandissement ou une réduction, les longueurs sont multipliées par un facteur k, les **aires** se trouvent multipliées par k^2, et les **volumes** par k^3.

Exemple : quand on double la longueur du segment, l'aire du carré est multipliée par $2^2 = 4$, et le volume du cube par $2^3 = 8$.

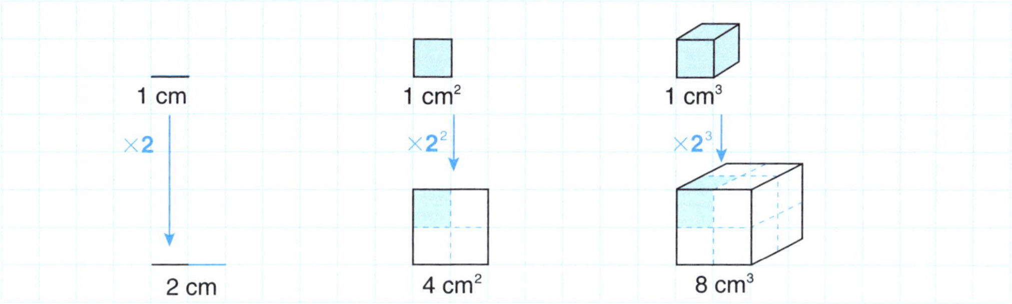

→ ***Attention*** : lorsque $k > 1$, cela correspond à un **agrandissement** ;
lorsque $k < 1$, cela correspond à une **réduction**.

JE M'ENTRAÎNE...

exercice 7

Une pyramide régulière a une hauteur de 10 cm.
Sa base est un carré de 48 cm de côté.

1 **Calculer** son volume.

2 **Calculer** son aire latérale.

Solution p. 190

exercice 8

Un tétraèdre est une pyramide à base triangulaire.
Il est dit régulier si toutes ses faces sont des triangles équilatéraux (identiques).
Exprimer le volume d'un tétraèdre régulier en fonction de la longueur commune a des arêtes.

Solution p. 190

exercice 9

Deux cornets à glace ont la forme de cônes de révolution. Par rapport au premier, le second a une profondeur double, mais une ouverture de rayon moitié.

Comparer leurs volumes.

Solution p. 191

exercice 10

Une pyramide de hauteur 12 a une base d'aire 45. Une réduction de cette pyramide a une base d'aire égale à 20 (les longueurs et les aires sont exprimées dans des unités correspondantes).

Déterminer la hauteur de la pyramide réduite.

Solution p. 191

exercice 11

Un cône de hauteur 15 cm a un volume de 375 cm^3. Un agrandissement de ce cône a une hauteur de 18 cm.

Déterminer l'aire de la base du cône agrandi.

Solution p. 192

pour faire le point

Chercher les exercices sans connaître son cours, c'est perdre son temps. L'auto-test vous aide à faire le point sur vos connaissances : répondre « vrai » ou « faux » à chaque affirmation, puis se reporter aux solutions p. 227.

Auto-test

1. La section d'un parallélépipède rectangle par un plan parallèle à une arête est un rectangle. (→ séance 1)

2. Et ce rectangle est égal à deux des faces du parallélépipède rectangle. (→ séance 1)

3. La section d'un cube par un plan parallèle à une arête est un carré. (→ séance 1)

4. La section d'un cylindre par un plan contenant son axe est un cercle. (→ séance 2)

5. La section d'un cylindre par un plan contenant une génératrice est un rectangle. (→ séance 2)

6. Toutes les sections planes d'un cylindre ont la même aire. (→ séance 2)

7. Une pyramide a une base carrée de côté 4 cm et une hauteur de 3 cm. Alors son volume est égal à 16 cm^3. (→ séance 4)

8. Lorsque l'on multiplie par 5 l'arête d'un cube, l'aire du cube se trouve multipliée par 10, et son volume par 15. (→ séance 4)

9. Les sections d'un cône par un plan parallèle à la base sont des cercles de rayon égal à celui de la base. (→ séance 3)

10. Le volume d'un cône est égal au produit de la hauteur par l'aire de la base. (→ séance 4)

Réponses p. 227

solution 1

La section du parallélépipède rectangle par un plan parallèle à l'une des faces est un rectangle égal à cette face.

Il convient donc de choisir le plan de section parallèle à la face $AA'B'B$ qui se trouve être un carré.

Le côté de ce carré a pour longueur $AA' = 4$.

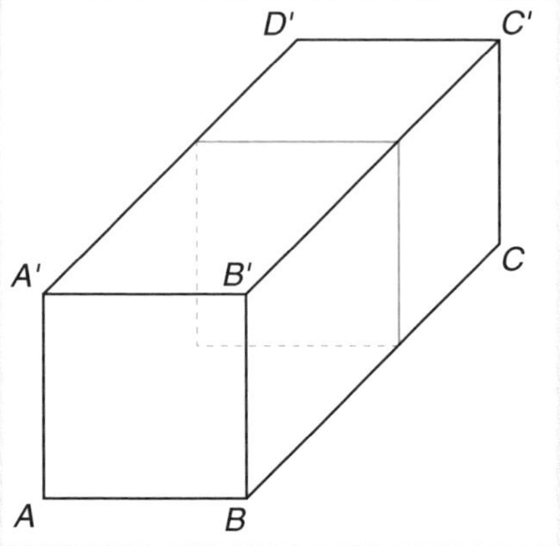

solution 2

Imaginons la figure dans le plan $ABCD$.

Si N est un point du segment $[AB]$ tel que $AN = x$, le théorème de Pythagore fournit la relation $MN^2 = MA^2 + AN^2$.

On connaît $AM = 4$ et on veut que MN soit égal à 5.

Par conséquent : $25 = x^2 + 16$

et donc $x = 3$.

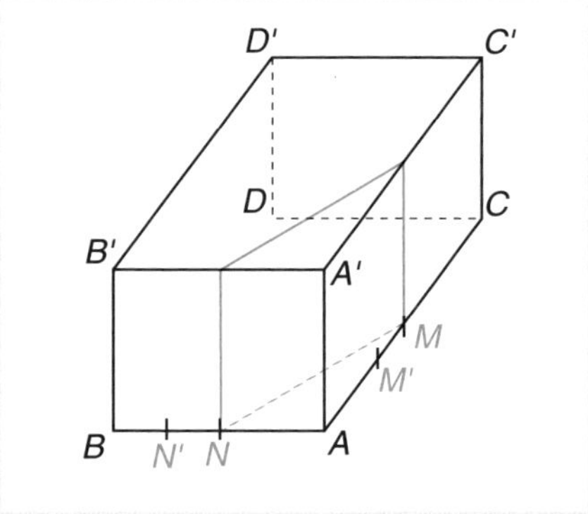

La section du parallélépipède rectangle par un plan parallèle à (AA') est un rectangle dont un côté mesure $AA' = 5$. Si on le choisit contenant M et N, l'autre côté de notre section mesure aussi 5, et on obtient un carré.

Il en est demandé deux. Le problème équivaut à marquer sur les côtés (AC) et (AB) du triangle rectangle ABC des points M' et N' tels que $M'N' = 5$.

Il y a de nombreuses façons de le faire. Par exemple, on peut marquer M' tel que $AM' = 3$. Si on pose, comme ci-dessus $AN' = x$, la relation $25 = x^2 + 9$ est satisfaite par le choix de $x = 4$.

solution 3

Un plan contenant O et O' est parallèle à l'axe (OO') du cylindre. La section est donc un rectangle, dont les côtés parallèles à (OO') ont même longueur OO', soit 7. Les deux autres côtés ont pour longueur le diamètre du cercle de base, soit 8.

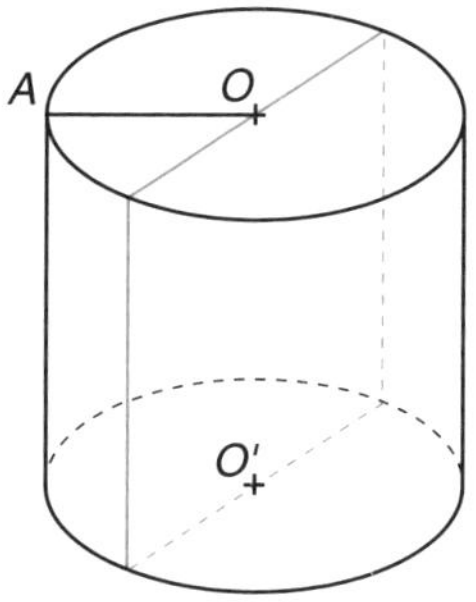

Pour construire un plan tel que sa section par le cylindre soit un carré, il convient de déterminer une corde du cercle de base de longueur 7.

Géométriquement, on choisit arbitrairement un point A sur un des cercles de base, et on construit un point B sur le même cercle en sorte que $AB = 7$.

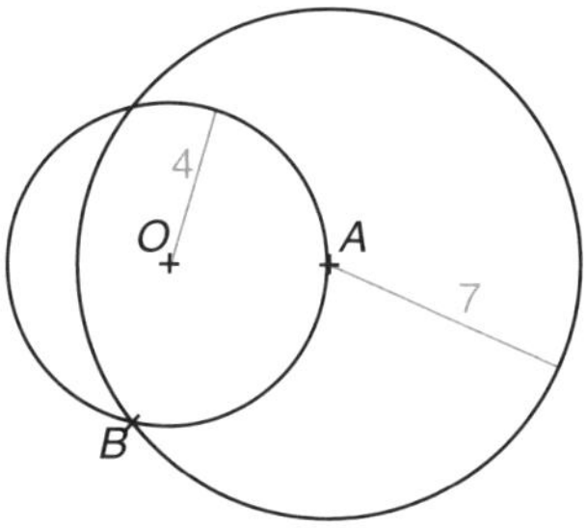

Si, au lieu des longueurs données, on donne $OA = 4$ et $OO' = 9$, on se trouverait amené à construire dans un cercle de rayon 4 une corde de longueur 9 : c'est impossible, toute corde d'un cercle ayant une longueur inférieure au diamètre.

solution 4

1 La section obtenue est une réduction de la base dans le rapport : $k = \frac{5}{20} = \frac{1}{4}$.

On sait qu'alors les aires sont dans le rapport k^2 ; on en tire l'aire de la section :

$\mathcal{A} = \left(\frac{1}{4}\right)^2 \times 35 = \mathbf{\frac{35}{16}} \approx \mathbf{2{,}19\ cm^2}$.

→ ***Remarque :*** *on peut redémontrer ce résultat ; notons h et a les longueurs en centimètres de la hauteur et du côté correspondant de la base.*
Nous savons que $\frac{1}{2}ha = 35$.
La section a pour hauteur $\frac{1}{4}h$, *et pour base* $\frac{1}{4}a$, *donc pour aire*

$\frac{1}{2}\left(\frac{1}{4}h\right) \times \left(\frac{1}{4}a\right) = \frac{1}{16}\left(\frac{1}{2}ha\right) = \frac{35}{16}$.

2 Le rapport des hauteurs des deux cônes est $\frac{4}{20}$, soit $\frac{1}{5}$.

C'est aussi le rapport des rayons : la section a donc pour rayon 2 cm, et pour aire :

$\mathcal{A} = 2^2\,\pi = \mathbf{4\pi} \approx \mathbf{12{,}6\ cm^2}$.

SOLUTIONS DES *exercices*

solution 5

1 Si les aires sont réduites dans le rapport 4, alors les longueurs sont réduites dans le rapport 2. La hauteur de la pyramide réduite doit être 5 cm ; il faut donc couper à **5 cm du plan de base.**

2 Le raisonnement est exactement le même, car la nature du solide (pyramide ou cône) n'intervient pas. **La réponse est la même**.

solution 6

La section est faite à 5 cm du sommet ; le rapport des hauteurs est donc $\frac{5}{8}$, égal au rapport des rayons.

Le rapport des aires des deux disques ainsi définis est donc : $\frac{5}{8} \times \frac{5}{8} = \mathbf{\frac{25}{64}}$.

solution 7

1 L'aire de la base est 48^2, soit 2 304 cm^2, et le volume est donc :

$\mathcal{V} = \frac{1}{3} 2304 \times 10 = \mathbf{7\,680\ cm^3}$.

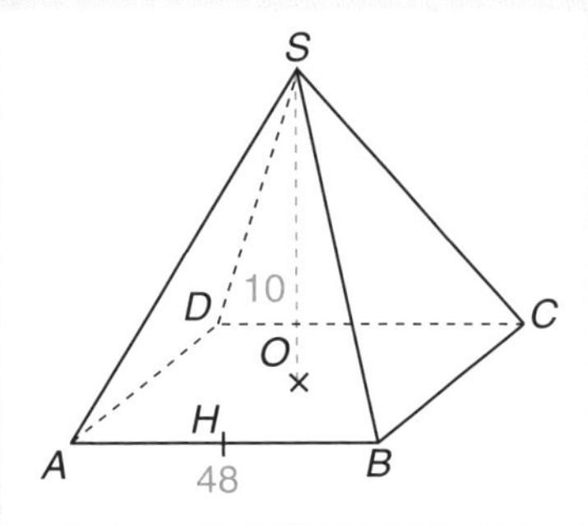

2 Pour calculer l'aire latérale, il faut connaître SH. Dans le triangle rectangle *SOH*, le théorème de Pythagore permet d'écrire :

$SH^2 = SO^2 + OH^2 = 10^2 + 24^2 = 676$

d'où $SH = \sqrt{676} = 26$.

L'aire latérale est donc : $4 \times \left(\frac{1}{3} \times 26 \times 48\right) = \mathbf{2\,496\ cm^2}$.

solution 8

L'exercice doit être décomposé. Il faut d'abord calculer l'aire de la base, qui est un triangle équilatéral de côté a. Pour cela, on calcule la hauteur par le théorème de Pythagore :

$AH^2 = AB^2 - BH^2 = a^2 - \left(\frac{a}{2}\right)^2 = \frac{3}{4} a^2. \quad AH = a\frac{\sqrt{3}}{2}.$

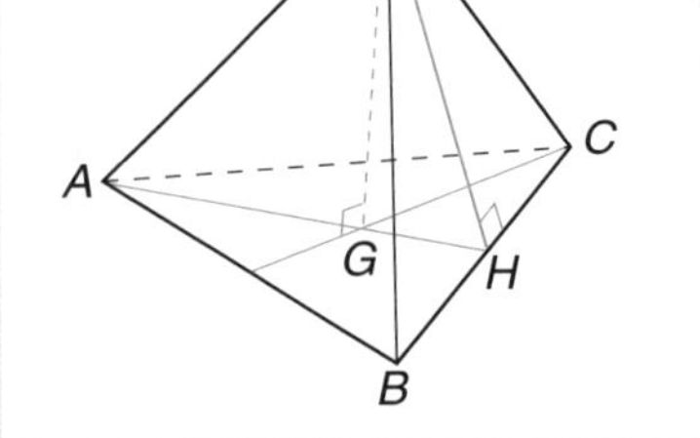

L'aire de la base est donc :

$\frac{1}{2} a \times a\frac{\sqrt{3}}{2} = a^2\frac{\sqrt{3}}{4}.$

Il faut ensuite calculer la hauteur de la pyramide, c'est-à-dire la distance SG. Observons le triangle rectangle SGH :
SH a déjà été calculée, comme hauteur du triangle équilatéral ;
GH est égale au tiers de la médiane AH, puisque G est aux deux tiers de la médiane en partant du sommet, et que dans un triangle équilatéral, chaque médiane est aussi une hauteur.
Le théorème de Pythagore permet alors d'écrire :

$$SG^2 = SH^2 2 - GH^2 = SH^2 - \left(\frac{1}{3}SH\right)^2 = \frac{8}{9}SH^2 = \frac{8}{9}\left(a\frac{\sqrt{3}}{2}\right)^2 = \frac{2}{3}a^2.$$

On en tire **la hauteur** SG : $SG = \boldsymbol{\frac{\sqrt{2}}{\sqrt{3}}a}$.

Le volume de la pyramide est donc : $\mathcal{V} = \frac{1}{3}\frac{\sqrt{2}}{\sqrt{3}}\,a \times a^2\frac{\sqrt{3}}{4} = \boldsymbol{\frac{\sqrt{2}}{12}a^3}$.

solution 9

Soit h la hauteur du premier cornet et r le rayon de sa base. Pour l'autre, ces longueurs sont respectivement $2h$ et $\frac{1}{2}r$.
Les volumes respectifs sont donc :
$\frac{1}{3}\pi r^2 h$ et $\frac{1}{3}\pi\left(\frac{1}{2}r\right)^2 2h = \frac{1}{3}\frac{\pi r^2}{2}h$.
Le second a donc un volume moitié de celui du premier.

solution 10

Nous savons que le rapport des aires, ici $\frac{20}{45}$ ou $\frac{4}{9}$, est le carré du rapport k des hauteurs. Ce dernier est donc : $k = \frac{2}{3}$.
La hauteur cherchée est donc $\frac{2}{3} \times 12 =$ **8 cm**.

→ ***Remarque :*** *on vérifie que, puisqu'il y a réduction, k est inférieur à 1.*

solution 11

Le rapport des hauteurs est $k = \frac{18}{15} = \frac{6}{5}$.

Le rapport des aires est donc $k^2 = \left(\frac{6}{5}\right)^2 = \frac{36}{25}$.

Calculons l'aire $\mathcal{B}$ de la base du cône ; cette aire est telle que :

$375 = \frac{1}{3}\mathcal{B} \times 15$ donc $\mathcal{B} = 75$ cm^2.

L'aire de la base du cône agrandi est donc : $\frac{36}{25} \times 75 = 108$ cm^2.

→ ***Remarque :*** *on vérifie que k > 1 (agrandissement).*

CHAPITRE

14

La sphère

La sphère est un solide très familier. Encore le langage courant ne distingue-t-il guère la boule (comme une boule de pétanque) de la sphère qui la limite, et dont la bulle de savon est une illustration. Il nous faut donc donner de ces notions intuitives des définitions rigoureuses.

Les applications aux calculs d'aires et de volumes, ainsi qu'au repérage d'un point sur la Terre sont aussi au menu de ce chapitre. En effet, l'image la plus familière (bien qu'approximative) d'une sphère est la surface de la Terre.

Sommaire

Prévoir, pour la quinzaine à venir, quatre séances de travail d'environ une demi-heure, et les inscrire dans votre agenda.

séance 1

SPHÈRE ET BOULE

JE RÉVISE...

Définition de la sphère

La **sphère** de centre O et de rayon R est l'ensemble des points M de l'espace dont la distance à O est **égale** à R.

$$OM = R.$$

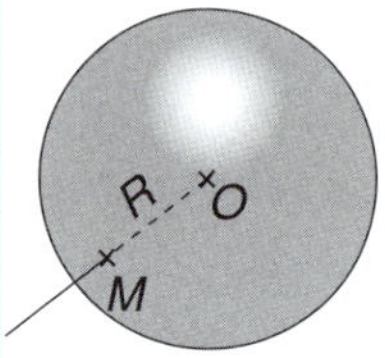

→ ***Remarque :*** la **boule** de centre O et de rayon R est l'ensemble des points de l'espace dont la distance à O est **inférieure (ou égale)** à R.

De façon imagée : **une sphère est creuse, une boule est pleine.**

Diamètre d'une sphère

On appelle **diamètre** d'une sphère toute droite passant par le centre.

Une telle droite coupe la sphère en deux points : le **segment** limité par ces points s'appelle aussi un diamètre de la sphère.

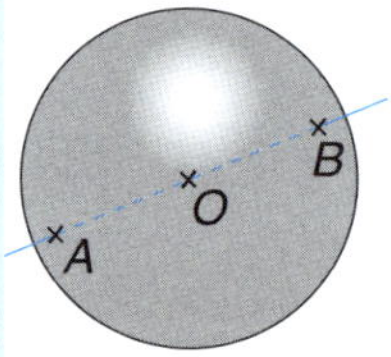

→ ***Remarque :*** le nom de diamètre est encore donné à la **longueur** d'un tel segment, qui est égale au double du rayon.

Régionnement de l'espace par une sphère

Une sphère de centre O et de rayon R partage l'espace en trois régions : la sphère elle-même, l'intérieur de la sphère et l'extérieur de la sphère.

Pour tout point M à l'**intérieur de la sphère**, $OM < R$.
Pour tout point M de **la sphère**, $OM = R$.
Pout tout point M à **l'extérieur de la sphère**, $OM > R$.

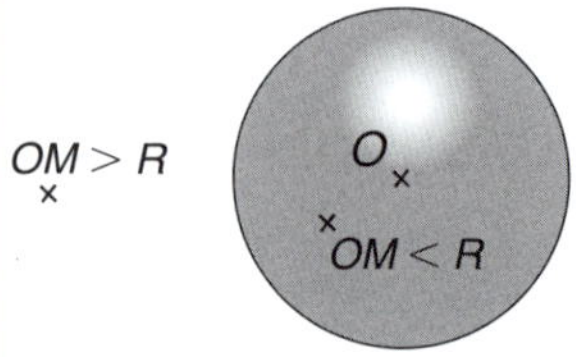

JE M'ENTRAÎNE...

exercice **1**

On donne une sphère de centre O et de rayon R, et A un point de cette sphère.

1 **Trouver** tous les points de la sphère dont la distance à A est égale à $2R$.

2 En utilisant l'inégalité triangulaire, **prouver** qu'il n'existe pas de point de la sphère dont la distance à A soit strictement supérieure à $2R$.

Solution p. 203

exercice **2**

On donne une boule de centre O et de rayon R, et A un point de cette boule.

1 **Trouver** tous les points de la boule dont la distance à A est égale à $2R$.

2 En utilisant l'inégalité triangulaire, **prouver** qu'il n'existe pas de point de la boule dont la distance à A soit strictement supérieure à $2R$.

Solution p. 203

séance 2 INTERSECTION D'UNE SPHÈRE ET D'UN PLAN

JE RÉVISE...

Nature de l'intersection

Lorsqu'une sphère et un plan ont des points communs, ceux-ci forment un **cercle**.

La droite passant par le centre du cercle et le centre de la sphère est **perpendiculaire** au plan.

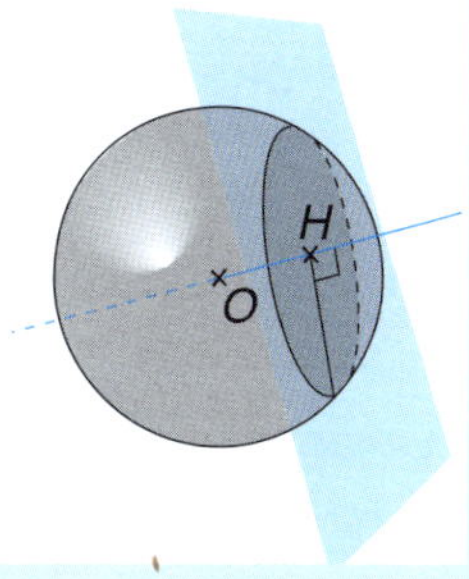

Cas particulier : un **plan diamétral** passe par le **centre** de la sphère. Le centre du cercle de section est alors confondu avec le centre de la sphère (*voir le paragraphe « Grands cercles » page suivante*).

Rayon du cercle de section

Appelons O le centre de la sphère et R son rayon, H le centre du cercle de section et r son rayon.
On sait que la droite (OH) est perpendiculaire au plan contenant le cercle de section.
Si M est un point de ce cercle, alors le triangle OHM est rectangle en H.

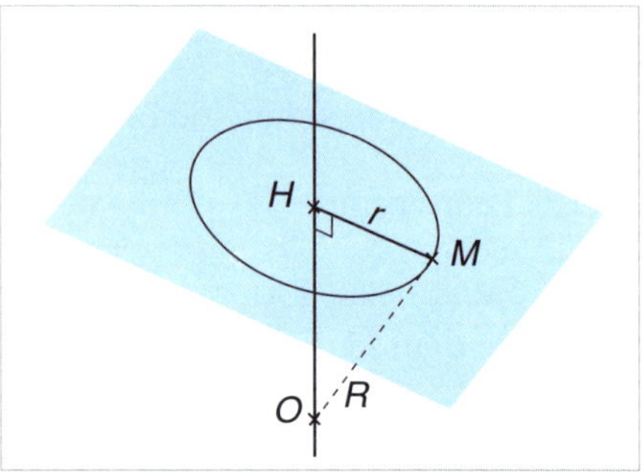

La relation de Pythagore appliquée au triangle OHM donne :
$OM^2 = OH^2 + HM^2$ avec $OM = R$ et $HM = r$.

Le **rayon *r*** du cercle de section est donné par la relation :

$$r^2 = R^2 - OH^2.$$

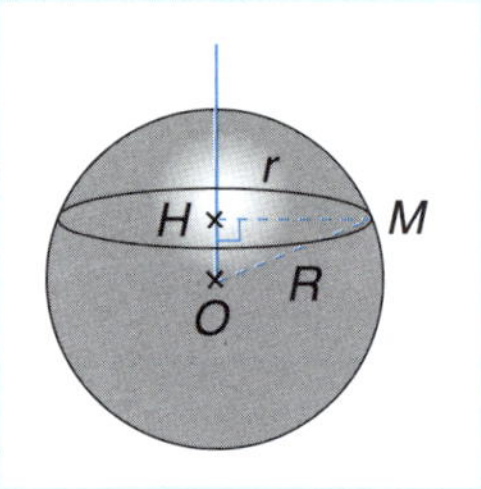

→ ***Remarque :*** OH est la distance de O au plan de section. On ne peut calculer r que si $\mathbf{OH < R}$, seul cas où $R^2 - OH^2$ est positif.
Si $\mathbf{OH = R}$, le plan et la sphère ont un point commun et un seul : on dit que le plan est **tangent** à la sphère.
Si $\mathbf{OH > R}$, le plan et la sphère n'ont **aucun point commun.**

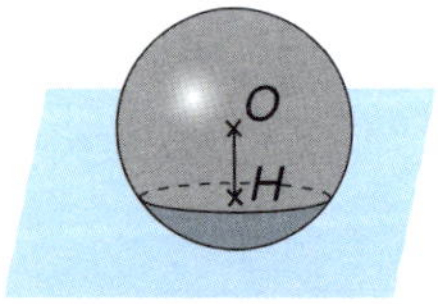

$OH < R$

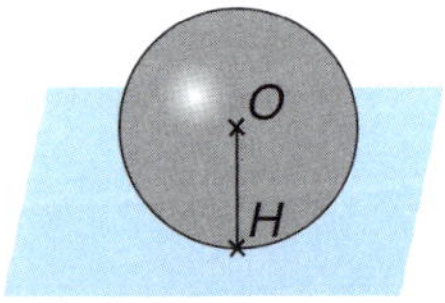

$OH = R$

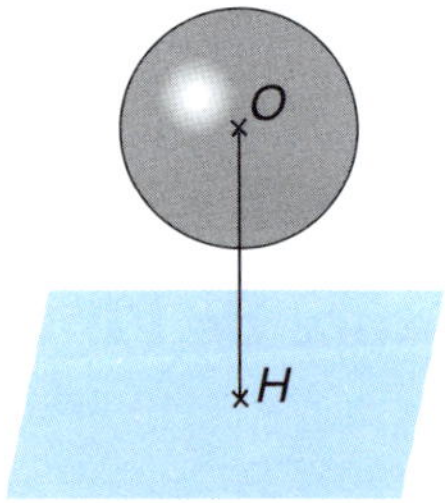

$OH > R$

Grands cercles

On appelle **grand cercle** d'une sphère l'intersection de la sphère avec un plan **diamétral.**

Un grand cercle a le **même centre** et le **même rayon** que la sphère.

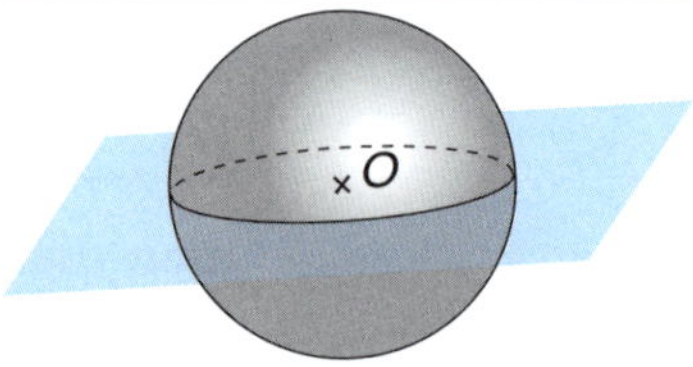

→ ***Remarque :*** la raison de ce nom est simple : **aucun cercle tracé sur la sphère ne peut avoir un rayon supérieur à *R*.**
(Sur un tel cercle, deux points diamétralement opposés seraient distants de plus de 2R, ce qui est impossible d'après l'exercice 1 de la séance précédente.)

JE M'ENTRAÎNE...

exercice 3

Une balle de tennis de 10 cm de diamètre flotte sur l'eau, et dépasse de 8 cm la surface de l'eau. Quel est le rayon du cercle qu'elle dessine sur la surface de l'eau ?

Solution p. 203

exercice 4

On dispose de deux boules de bois, de rayons respectifs 5 et 13 cm. On veut scier une partie de chacune, en sorte que les disques de section s'appliquent exactement l'un sur l'autre, pour être collés. L'assemblage sera d'autant plus solide que les parties collées seront plus étendues. À quelles distances du centre de chaque boule doit-on scier ?

Solution p. 204

séance 3

AIRES ET VOLUMES

JE RÉVISE...

Formules de calcul

Aire d'une sphère de rayon R :
$\mathscr{A} = 4\pi R^2$

Volume d'une boule de rayon R :
$\mathscr{V} = \frac{4}{3}\pi R^3$

→ ***Attention*** à ne pas intervertir ces formules :

Aire : en $\mathbf{m^2} \longleftrightarrow \mathbf{4\pi R^2}$ Volume : en $\mathbf{m^3} \longleftrightarrow \mathbf{\frac{4}{3}\pi R^3}$

→ ***Remarque*** : la première formule a une interprétation simple : **l'aire d'une sphère est égale à quatre fois l'aire limitée par un de ses grands cercles**.

JE M'ENTRAÎNE...

exercice 5

Pour peindre une boule de bois de rayon R, il faut 8 cm^3 de peinture. Une boule de même rayon est sciée en quatre quarts de boule par des traits de scie passant par le centre.

Quelle quantité de peinture est nécessaire pour peindre ces quatre morceaux ?

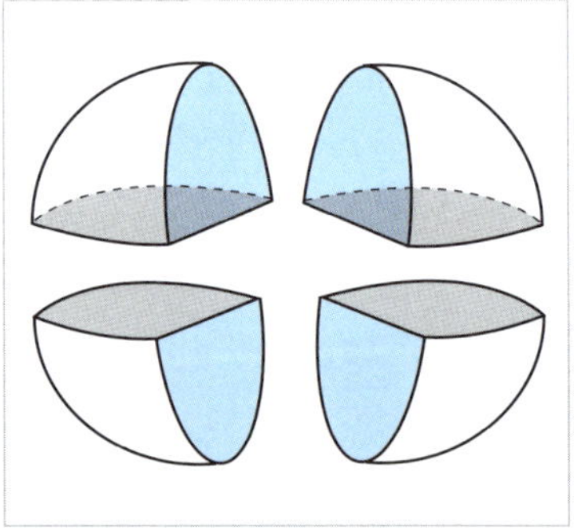

Solution p. 204

exercice 6

Au fond d'un verre cylindrique de rayon intérieur 7 cm repose une boule de métal de rayon 6 cm. De l'eau est versée jusqu'à recouvrir exactement la boule.
On retire la boule. Quelle hauteur d'eau reste-t-il ?

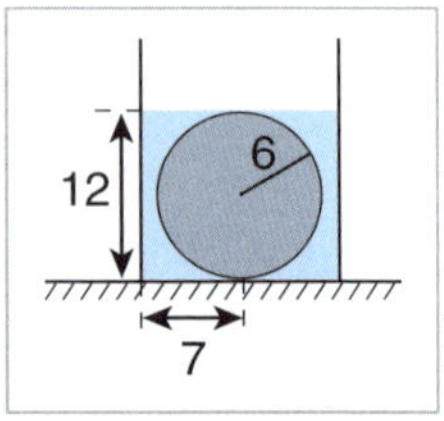

Solution p. 204

exercice 7

Un confiseur dispose de bâtons cylindriques en pâte d'amande, de diamètre 2 cm et de longueur 12 cm.

1 Combien en utilisera-t-il pour confectionner 36 « oranges » de 3 cm de diamètre ?

2 Avec la quantité ainsi trouvée, combien peut-il confectionner de « cerises » de 1,5 cm de diamètre ?

Solution p. 205

séance 4 LA TERRE

JE RÉVISE...

La Terre est **approximativement une boule** (elle est légèrement aplatie aux pôles et enflée à l'équateur).
Ses grands cercles mesurent environ **40 000 km de circonférence**.
Son **rayon** est d'environ **6 400 km**.

Les méridiens

Les grands cercles contenant les pôles s'appellent des **cercles méridiens**.

On appelle **méridien** un demi-cercle méridien, limité aux pôles.

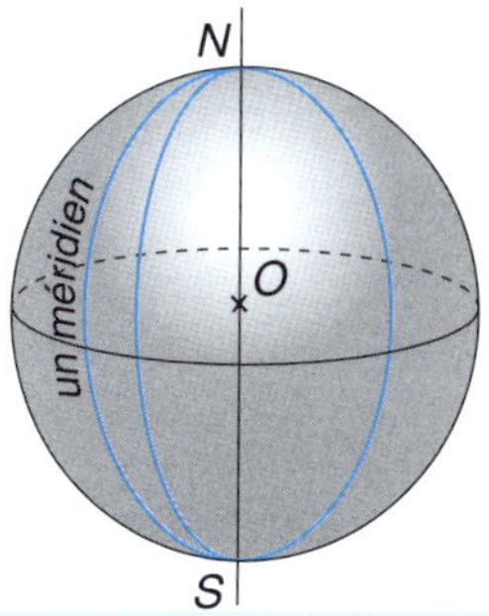

Les méridiens sont repérés de part et d'autre d'un méridien origine, **le méridien de Greenwich**, qui passe par un observatoire célèbre de la banlieue de Londres.

Repérage d'un point sur la Terre

Sur la sphère terrestre, un point est repéré par sa **longitude** et sa **latitude**, exprimées en degrés.

Dans la figure ci-contre :
la longitude de M est l'angle $\widehat{GOE}$;
la latitude de M est l'angle $\widehat{EOM}$.

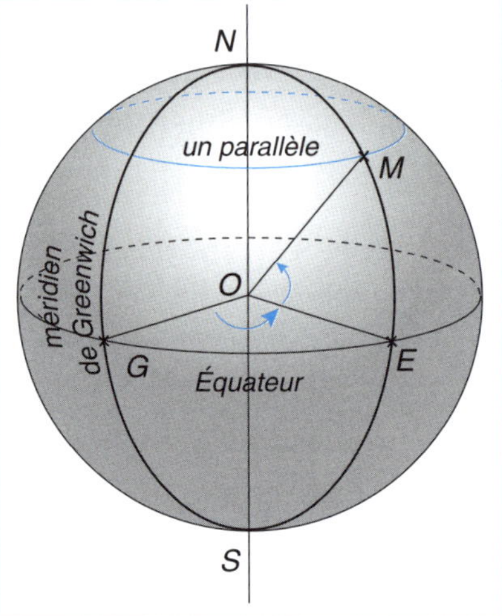

→ ***Remarque :*** pour la **longitude**, on précise **Est** (en abrégé E) ou **Ouest** (en abrégé W, de l'anglais *west*), l'origine étant le méridien de Greenwich.
Pour la **latitude**, on précise **Nord** (N) ou **Sud** (S), l'origine étant l'équateur.

Exemple : Paris a pour longitude 2° 20' E. Bordeaux a pour latitude 44° 51' N.
Tous les points de **longitude donnée**, 60° W par exemple, forment un **méridien**.

Les parallèles

Un **parallèle** est un **cercle** formé par les points de la Terre de **latitude** donnée (*voir figure ci-dessus*).

→ ***Attention*** : il n'y a pas de confusion possible avec le mot *parallèle*, appliqué à une droite, car on parle alors **d'une** parallèle.

Exemple : le « quarante-cinquième parallèle Nord » est le parallèle contenant les points de latitude 45° N.

JE M'ENTRAÎNE...

exercice 8

En prenant 40 000 km pour longueur de l'équateur, **déterminer** la longueur du parallèle de latitude 45° et celle du parallèle de latitude 60° (*le calcul du rayon terrestre est inutile*).

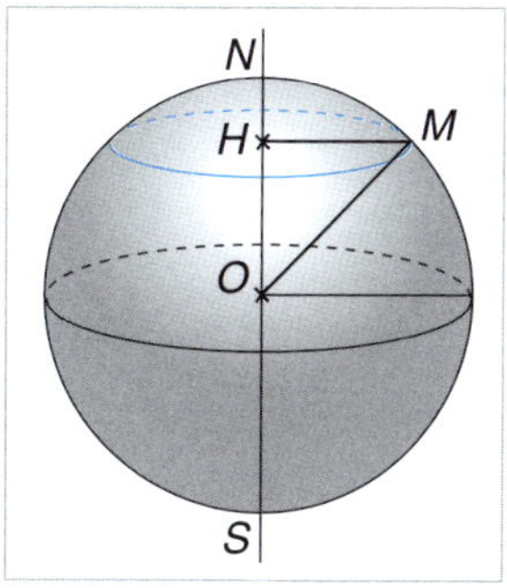

Solution p. 205

exercice 9

Un explorateur tue un ours, puis s'éloigne vers le Sud. Il marche 10 km, puis tourne vers l'Ouest. Après 30 km, il tourne vers le Nord, marche, ... et tombe sur le cadavre de son ours.

1 Quelle est la couleur de l'ours ?

2 Quelle distance totale l'explorateur a-t-il parcourue ?

Solution p. 206

exercice 10

Un explorateur marche constamment vers l'Est pendant 800 km et se retrouve à son point de départ. Comment est-ce possible ? **Calculer** sa latitude.

Solution p. 206

pour faire le point

Chercher les exercices sans connaître son cours, c'est perdre son temps. L'auto-test vous aide à faire le point sur vos connaissances : répondre « vrai » ou « faux » à chaque affirmation, puis se reporter aux solutions p. 227.

Auto-test

1. La sphère de centre O et de rayon R est l'ensemble des points de l'espace dont la distance à O est égale à R. (→ séance 1)

2. Une boule est limitée par la sphère de même centre et de même rayon. (→ séance 1)

3. Le diamètre d'une sphère est égal au produit de son rayon par le nombre π. (→ séance 1)

4. Lorsqu'une sphère et un plan se coupent, l'intersection est un cercle dont le centre est le centre de la sphère. (→ séance 2)

5. Un plan tangent à une sphère a un point et un seul en commun avec elle. (→ séance 2)

6. L'aire d'une sphère est égale à quatre fois l'aire limitée par un de ses grands cercles. (→ séance 3)

7. Le volume d'un cylindre de hauteur R et de rayon R est supérieur à celui d'une sphère de rayon R. (→ séance 3)

8. La Terre est approximativement une boule de 40 000 km de rayon. (→ séance 4)

9. Le méridien de Greenwich est à l'Est du méridien passant par Paris. (→ séance 4)

10. Tous les points d'un même parallèle ont la même latitude ; tous les points d'un même méridien ont la même longitude. (→ séance 4)

Réponses p. 227

solution 1

1 Si B est un point de la sphère, alors :
$OA = R$ et $OB = R$, et donc $AO + OB = 2R$.
Si, de plus, B est tel que $AB = 2R$, alors on a la relation :
$AO + OB = AB$,
ce qui prouve que O appartient au segment $[AB]$. Ce segment est par conséquent un diamètre de la sphère.
Il existe donc un point B et un seul satisfaisant la condition posée, c'est l'intersection de (AO) avec la sphère.

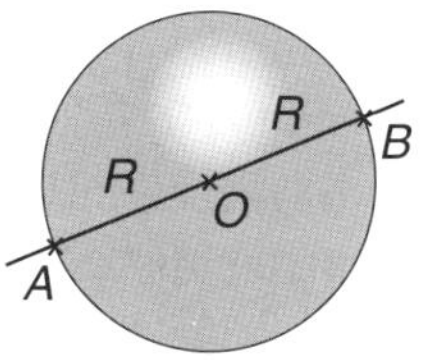

2 Si B est un point de la sphère, alors :
$AO = R$ et $OB = R$.
D'après l'inégalité triangulaire,
$AB \leqslant AO + OB$, et donc $AB \leqslant 2R$.
Il est donc impossible d'avoir aussi $AB > 2R$.

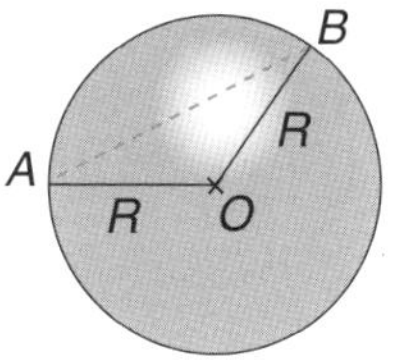

solution 2

1 Si B est un point de la boule, alors : $AO \leqslant R$ et $OB \leqslant R$.
Si, de plus, B est tel que $AB = 2R$, alors on a la relation : $AO + OB \leqslant AB$
ce qui, compte tenu de l'inégalité triangulaire, n'est possible que si $AO = R$ et $OB = R$, donc si A appartient à la sphère limitant la boule.
A étant un point de la sphère, on se trouve ramené à l'exercice précédent. Il existe alors un point B et un seul, intersection de (AO) avec la sphère.

2 Si B est un point de la boule, alors :
$AO \leqslant R$ et $OB \leqslant R$ et donc $AO + OB \leqslant 2R$.
D'après l'inégalité triangulaire,
$AB \leqslant AO + OB$, et donc $AB \leqslant 2R$.
Il est donc impossible d'avoir aussi $AB > 2R$.

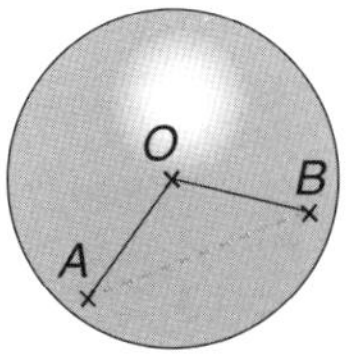

solution 3

Le centre de la balle est à 3 cm de la surface de l'eau. Le rayon r du cercle de section vérifie alors la relation :

$$5^2 = r^2 + 3^2,$$

d'où $r^2 = 25 - 9 = 16.$

$\mathbf{r = 4}$ **cm**.

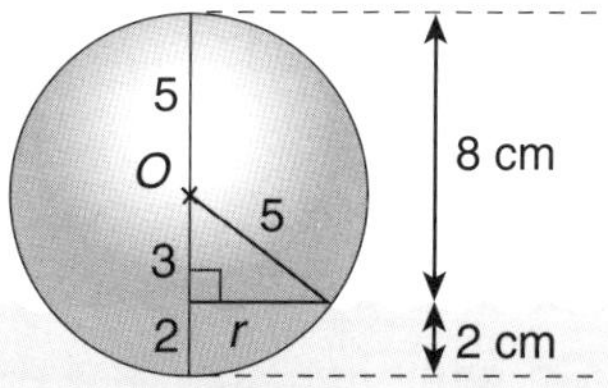

solution 4

Les « disques de collage » sont des sections de chacune des boules. Le plus grand rayon possible sur chaque boule correspond à la section par un plan diamétral. Il est donc impossible d'espérer un disque de collage de plus de 5 cm de rayon (c'est le rayon de la plus petite boule).

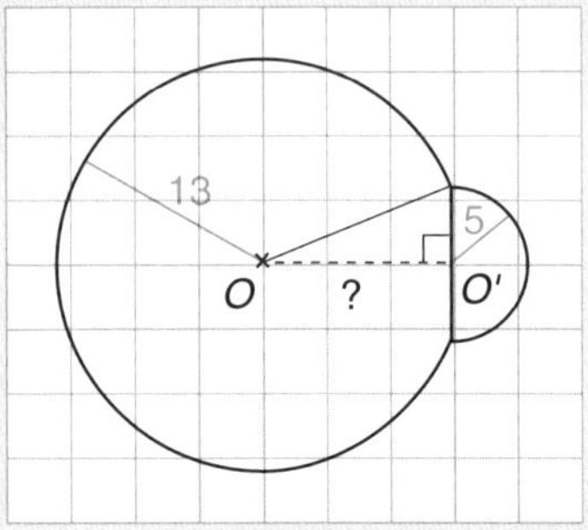

Un tel disque est obtenu en coupant la petite boule par un plan diamétral, et la grande par un plan à une distance d du centre telle que le disque de section ait aussi 5 cm de rayon :

$5^2 + d^2 = 13^2$, d'où $d^2 = 169 - 25 = 144$, et $d = 12$ cm.

Il faut scier la petite boule en passant par son centre, et la grande à **12 cm du centre**.

solution 5

Lorsqu'on scie la boule en quatre, il faut peindre aussi « l'intérieur ». La surface supplémentaire à peindre représente quatre fois l'aire limitée par un grand cercle, c'est-à-dire $4 \times \pi R^2$.

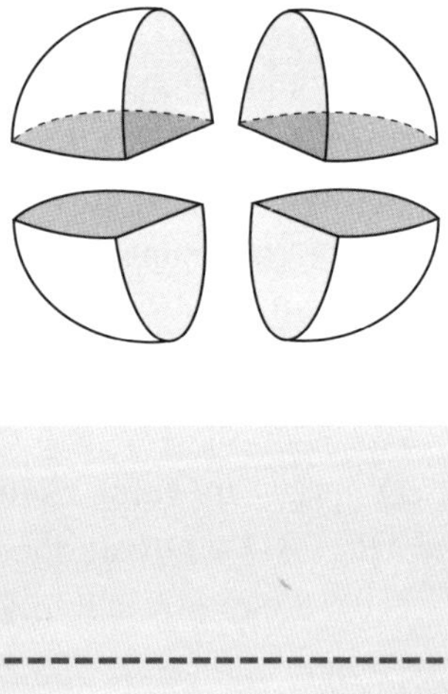

La surface extérieure est celle d'une sphère, elle vaut aussi $4\pi R^2$.

Il faut donc autant de peinture pour l'intérieur que pour l'extérieur ; comme il en faut 8 cm^3 pour l'extérieur, il en faudra en tout **16 cm^3**.

solution 6

Initialement, la hauteur d'eau est de 12 cm ;

$$\mathcal{V}_{\text{total occupé}} = \mathcal{V}_{\text{eau versée}} + \mathcal{V}_{\text{boule}}$$

donc $\mathcal{V}_{\text{eau versée}} = \mathcal{V}_{\text{total occupé}} - \mathcal{V}_{\text{boule}}$.

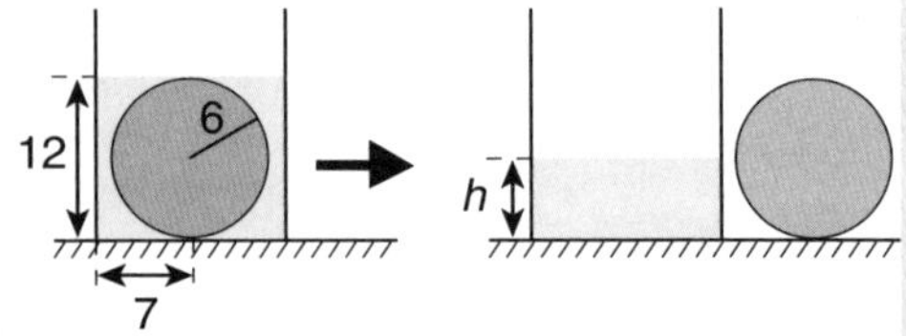

Cela correspond à un volume d'eau de :

$$\pi \times 7^2 \times 12 - \frac{4}{3} \times \pi \times 6^3$$

(inutile d'effectuer le calcul pour l'instant).

On retire la boule. Si h désigne la nouvelle hauteur d'eau, le volume correspondant est : $\pi \times 7^2 \times h$.

En égalant les deux expressions du volume d'eau concerné par l'expérience, on obtient :

$$\pi \times 7^2 \times 12 - \frac{4}{3} \times \pi \times 6^3 = \pi \times 7^2 \times h$$

$:(\pi \times 7^2)$

$$12\frac{4 \times 6^3}{3 \times 7^2} = h \text{ d'où } \boldsymbol{h \approx 6{,}1 \text{ cm}}.$$

(Précision au millimètre suffisante pour une hauteur d'eau.)

solution 7

1 Le volume d'un bâton de hauteur 12 cm et de rayon 1 cm est de 12π cm^3.

Celui d'une orange de diamètre 3 cm, donc de rayon 1,5 cm, est de :

$$\frac{4}{3}\pi(1{,}5)^3 = 4{,}5\pi \text{ cm}^3.$$

36 oranges ont un volume de : $36 \times 4{,}5\pi = 162\pi$ cm^3.

Le nombre de bâtons nécessaires est : $\frac{162\pi}{12\pi} = \frac{162}{12} = \mathbf{13{,}5}$.

2 Les cerises ont un rayon de la moitié de celui des oranges.

Si $\mathcal{V}_{\text{orange}} = \frac{4}{3}\pi R^3$, alors $\mathcal{V}_{\text{cerise}} = \frac{4}{3}\pi\left(\frac{R}{2}\right)^3 = \frac{4}{3}\pi\frac{R^3}{8} = \frac{1}{8}\mathcal{V}_{\text{orange}}$.

Des boules de rayon moitié ont un volume 8 fois moindre ; on en confectionne donc 8 fois plus avec la même quantité de pâte, soit $8 \times 36 = 288$.

solution 8

Faisons une figure « en coupe ». Le rayon r du parallèle de latitude α est égal à HM ou OK, et donc : $r = R\cos\alpha$.

La longueur L de ce parallèle est donc : $L = 2\pi R\cos\alpha$.

Or on sait que $2\pi R$ est égal à 40 000 km.

La longueur L du parallèle de latitude α est donc :

$L = 40\,000\cos\alpha$.

On trouve ainsi, avec la calculatrice :

pour $\alpha = 45°$: $\boldsymbol{L = 28\,280}$ **km** ;

pour $\alpha = 60°$: $\boldsymbol{L = 20\,000}$ **km**.

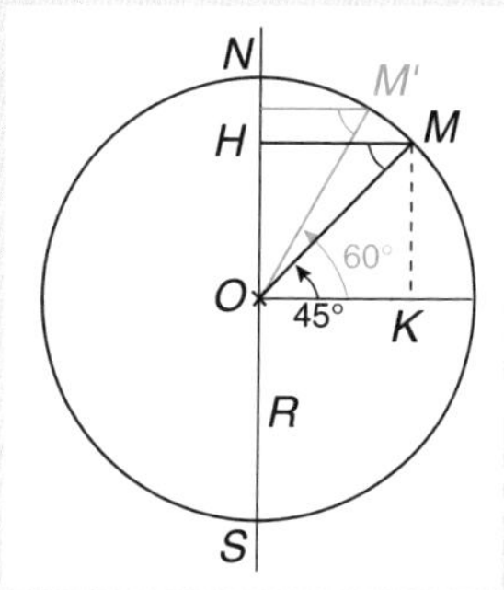

solution 9

1 L'explorateur a parcouru un méridien vers le Sud, puis a marché vers l'Ouest le long d'un parallèle, et a rejoint un autre méridien qu'il a parcouru vers le Nord, pour retourner à son point de départ.

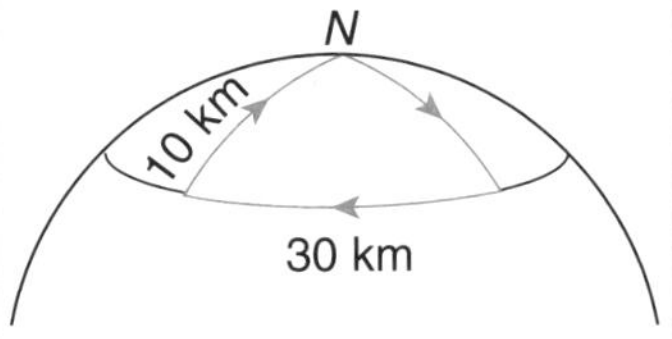

Or, des méridiens ne se coupent qu'aux pôles ; ici, il s'agit nécessairement du pôle Nord puisque la marche a commencé vers le Sud.

L'ours est **blanc**, car c'est un ours polaire.

2 Sur chaque méridien, l'explorateur a parcouru 10 km ; au total, il a marché : $10 + 30 + 10 =$ **50 kilomètres**.

solution 10

L'explorateur marche constamment vers l'Est : il se déplace donc le long d'un parallèle. S'il se retrouve à son point de départ, c'est qu'il a parcouru la totalité du parallèle. C'est donc un cercle de 800 km de longueur.

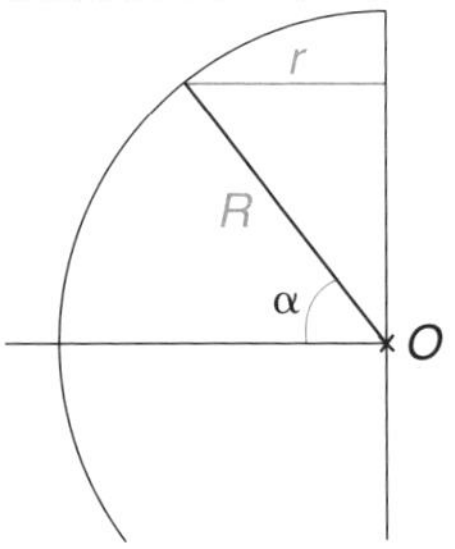

Comme à l'exercice 8, sa latitude α est telle que :

$40\,000 \cos \alpha = 800$ d'où $\cos \alpha = 0{,}020$.

La calculatrice donne $\boldsymbol{\alpha \approx 88{,}85}$ **degrés**.

En route vers le Diplôme National du Brevet

CHAPITRE **15**

Ce chapitre est d'un type un peu particulier. Il est destiné à vous aider dans la perspective du Diplôme National du Brevet.
Ne vous y trompez pas : le Diplôme sanctionne les quatre années de Collège, et la véritable préparation, c'est le travail régulier, notamment en 3e à l'aide de ce guide. On n'oubliera pas non plus que les notes de 4e et de 3e comptent pour plus de 50 % de l'examen.
Il y a cependant quelques petits conseils à ne pas oublier si l'on veut aborder l'épreuve de mathématiques dans les meilleures conditions.

Sommaire

Prévoir, pour le sujet de Diplôme à traiter, une séance de travail d'environ deux heures.

séance 1

L'EXAMEN

JE ME PRÉPARE...

Avant l'examen : les révisions

La véritable préparation à un examen, c'est **le travail régulier**. Toutefois, il est toujours préférable de réviser aussi un peu avant... Ce guide peut vous y aider :

– Revoyez les encadrés sur fond de couleur ; ils représentent l'essentiel de ce que vous devez **savoir.**

– Revoyez les encadrés de **MÉTHODE** et les *Exemples* qui les suivent ; ils constituent l'essentiel de ce que vous devez **savoir faire.**

– Revoyez les exercices sur lesquels vous avez buté au cours de l'année, ainsi que leurs solutions : vous éviterez ainsi de refaire les mêmes erreurs à l'examen.

L'épreuve de mathématiques au DNB

Durée :	2 heures	
Constitution :	Trois parties (activités numériques, activités géométriques, problème)	
Barême :	Activités numériques	12 points
	Activités géométriques	12 points
	Problème	12 points
	Présentation, rédaction	4 points
	Total	**40 points**

→ ***Les activités numériques :*** il s'agit d'une série de questions, le plus souvent indépendantes les unes des autres. Elles portent souvent sur des programmes antérieurs à la classe de Troisième. On y trouve fréquemment :
– calculs sur des nombres décimaux, sur des fractions ou des écritures fractionnaires ;
– calculs sur des puissances, sur des racines carrées ;
– calculs littéral : développement, factorisation ; équations, inéquations ;
– statistiques, diagrammes.

→ ***Les activités géométriques :*** il s'agit d'une série de questions, le plus souvent indépendantes les unes des autres. Elles portent très fréquemment sur :
– le théorème de Pythagore, le triangle rectangle et la trigonométrie ;
– le théorème de Thalès.
Depuis peu, une tendance se manifeste pour des questions concernant les solides.

→ ***Le problème :*** la différence avec les parties précédentes tient au fait que les questions sont enchaînées, et qu'on fait normalement appel à toutes les connaissances du programme.

→ On observera que 36 points sur 40 seulement sont attribués pour les exercices et le problème : 4 points restent disponibles pour récompenser la présentation, la clarté de la rédaction, l'orthographe, le soin apporté aux figures…

L'organisation du temps

Voici un découpage approximatif du temps de l'épreuve, que vous avez intérêt à suivre :

Lire le sujet en entier :	15 minutes
Activités numériques :	30 minutes
Activités géométriques :	30 minutes
Problème :	30 minutes
Relecture finale :	15 minutes

→ ***Lecture du sujet :*** il est indispensable de consacrer une quinzaine de minutes à lire entièrement le sujet ; cela vous permet de :
– noter les parties du sujet qui vous semblent les plus faciles ou les plus familières (on commencera par celles-là) ;
– repérer les parties de programme abordées ;
– deviner (parfois) la réponse à une question, en lisant la question suivante.

→ ***Relecture finale :*** selon le découpage proposé, il reste 15 minutes pour cette tâche : ce n'est pas de trop pour une relecture attentive.
Attention à l'orthographe : les fautes agacent le correcteur, surtout dans les mots propres aux mathématiques. S'ils sont mal écrits, *hypoténuse, Pythagore, Thalès, pyramide…* risquent de vous coûter plus que les points théoriquement prévus pour cela.
Enfin, au cours de cette relecture, on réfléchira à nouveau sur les questions non résolues, ce qui permet parfois de gagner encore quelques demi-points.

Quelques conseils

→ ***Commencer*** par la partie qui semble la plus facile ou familière.

→ ***Ne pas consacrer*** plus de 30 minutes pour chaque partie.

→ ***Ne pas s'attarder*** trop longtemps sur une question trop difficile.

→ ***Ne pas rédiger*** totalement au brouillon : on doit le rendre aussi clair et propre que possible, mais une fois la solution trouvée, la rédaction définitive doit être faite directement « au propre ».

→ ***Recopier*** au fur et à mesure les questions terminées.

→ ***Laisser*** de la place pour les questions non résolues.

séance 2

UN VRAI SUJET DE DIPLÔME NATIONAL DU BREVET

Les exercices qui suivent sont ceux d'un véritable sujet du Brevet, très légèrement modifié pour tenir compte des programmes 2008.

JE DÉCOUVRE LE SUJET...

activités numériques

Exercice 1

1 Écrire A sous la forme $a\sqrt{b}$, où a et b sont des nombres entiers naturels, b étant le plus petit possible :
$A = 2\sqrt{45} - 3\sqrt{5} - \sqrt{20}$.

2 Calculer l'expression suivante B et donner son écriture scientifique :
$$B = \frac{(150 \times 10^3 \times 8 \times 10^5)}{6 \times 10^7}.$$

Exercice 2

On considère l'expression : $C = (2x + 5)^2 - (x + 3)(2x + 5)$.

1 Développer et réduire C.

2 Factoriser C.

3 Résoudre l'équation : $(2x + 5)(x + 2) = 0$.

4 Calculer l'expression C pour $x = -\frac{2}{3}$. On mettra le résultat sous forme d'une fraction irréductible.

Exercice 3

1 Résoudre le système suivant :
$$\begin{cases} 4x + 3y = 206 \\ 2x + 2y = 114. \end{cases}$$

2 Lors d'un spectacle, la famille A, composée de quatre adultes et de trois enfants, a payé 206 €. Pour le même spectacle, la famille B, composée de deux adultes et de deux enfants, a payé 114 €. Combien paiera la famille C, sachant qu'elle est composée de trois adultes et de deux enfants ?

Solution p. 216

activités géométriques

Les figures des deux premiers exercices ne sont pas réalisées en vraie grandeur. Elles ne sont pas à reproduire.

Exercice 1

L'unité est le centimètre.

Dans la figure ci-contre, les droites (AB) et (CD) sont parallèles.

Les droites (AD) et (BC) se coupent en E.

On donne : $DE = 6$, $AE = 10$, $AB = 20$ et $BE = 16$.

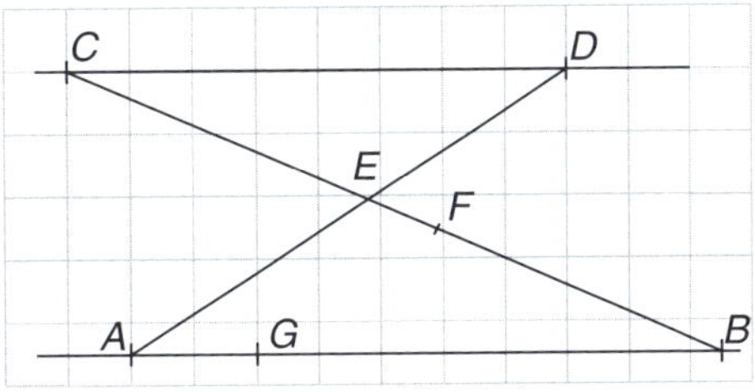

1 Calculer la distance CD.

2 Les points F et G appartiennent respectivement aux segments $[BC]$ et $[AB]$. Ils vérifient : $BF = 12{,}8$ et $BG = 16$. Montrer que les droites (FG) et (AE) sont parallèles.

Exercice 2

On considère le cône ci-dessous, de sommet S et dont la base est le disque de rayon $[OA]$. Ce cône a pour hauteur $SO = 8$ cm et pour génératrice $SA = 10$ cm. I est un point du segment $[SO]$ tel que $SI = 2$ cm.

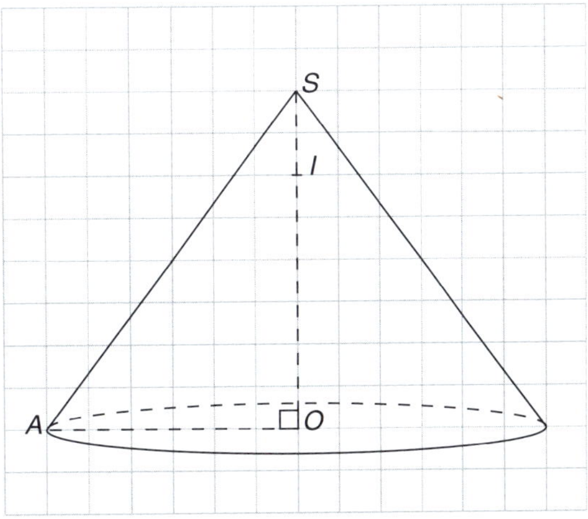

1 Montrer que $OA = 6$ cm.

2 Montrer que la valeur exacte du volume $\mathcal{V}$ du cône est égale à 96π cm^3. Donner la valeur arrondie au mm^3 près.

3 Déterminer, au degré près, la mesure de l'angle $\widehat{ASO}$.

4 On coupe ce cône par un plan parallèle à sa base et passant par le point I. La section obtenue est un disque de centre I, réduction du disque de base.

a. Déterminer le rapport k de cette réduction.

b. Soit $\mathcal{V}'$ le volume du cône de sommet S et de base le disque de centre I. Exprimer $\mathcal{V}'$ en fonction de $\mathcal{V}$, puis donner la valeur arrondie de $\mathcal{V}'$ au mm^3 près.

Exercice 3

Sur la figure ci-contre représentant des hexagones réguliers :

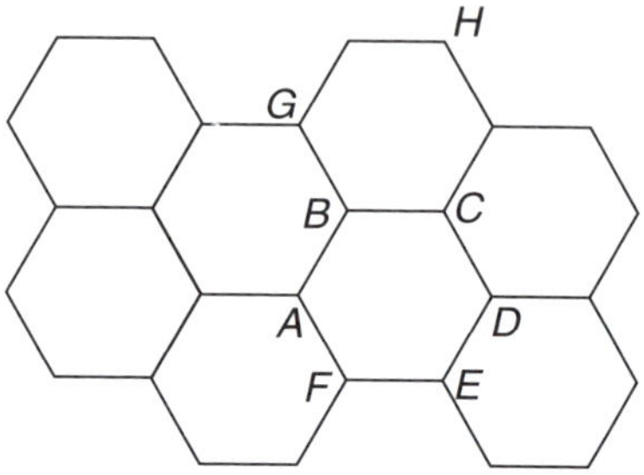

1 Démontrer l'égalité AD = 2AB.

2 Construire le point Q, symétrique de H par rapport à la droite (BE).

3 Quelle est la nature du triangle GCA ? Que représente le point B pour ce triangle ?

Solution p. 217

problème

Les deux parties sont indépendantes.

La figure ci-dessous est une vue de la surface du sol du CDI d'un collège. Ce CDI doit être réaménagé en deux parties distinctes : une salle de recherche et une salle de travail.

$ABCDE$ est un trapèze rectangle tel que $AB = 9$ m, $BC = 8$ m et $DE = 6$ m.

M est un point du segment AB. On pose $AM = x$ (x est une distance exprimée en mètres : $0 \leqslant x \leqslant 9$).

Rappel : l'aire d'un trapèze de hauteur h, de base b et B est donnée par :
$\mathcal{A} = \dfrac{h(b + B)}{2}$.

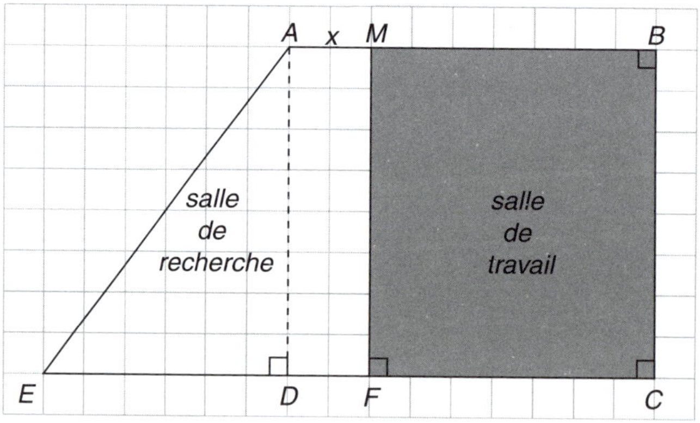

Première partie

La documentaliste souhaite que l'aire de la salle de travail soit égale à celle de la salle de recherche.

1 *Dans cette question uniquement*, on suppose : $x = 1$. Calculer l'aire du trapèze $AMFE$ (salle de recherche) et l'aire du rectangle $MBCF$ (salle de travail).

2 a. Exprimer, en fonction de x, l'aire du trapèze *AMFE*.
b. Exprimer, en fonction de x, l'aire du rectangle *MBCF*.

3 On se propose de représenter graphiquement cette situation à l'aide de deux fonctions affines f et g.
f est définie par : $f(x) = -8x + 72$;
g est définie par : $g(x) = 8x + 24$.

Sur une feuille de papier millimétrée, construire un repère orthogonal :
– l'origine sera placée en bas à gauche ;
– en abscisse, on prendra 2 cm pour 1 unité (2 cm pour 1 m) ;
– en ordonnée, on prendra 1 cm pour 4 unités (1 cm pour 4 m^2).
Représenter les fonctions affines f et g pour $0 \leqslant x \leqslant 9$.

4 a. En utilisant le graphique, indiquer la valeur de x pour laquelle $f(x) = g(x)$, ainsi que l'aire correspondante. Mettre en évidence ces valeurs sur le graphique (pointillés, couleurs…).
b. Retrouver les résultats précédents par le calcul.

Deuxième partie

Dans cette partie, on pose $x = 3{,}5$.

1 Donner, en cm, les dimensions de la salle de travail *MBCF*.

2 On souhaite recouvrir le sol de la salle de travail à l'aide d'un nombre entier de dalles carrées identiques, de côté c, entier le plus grand possible.
a. Expliquer pourquoi c est le PGCD de 800 et 550.
b. Calculer la valeur de c, en indiquant la méthode utilisée.
c. Combien de dalles sont nécessaires pour recouvrir le sol de la salle de travail ?

3 Les dalles coûtent 13,50 € le mètre carré. Quelle somme devra-t-on payer pour acheter le nombre de dalles nécessaires ?

Solution p. 219

JE LIS ENTIERÈMENT LE SUJET...

Je note les parties du programme concernées par chaque question, et quelques remarques utiles.

activités numériques

Trois exercices indépendants

Exercice 1
Deux questions, qui semblent indépendantes :

1 **Radicaux.** Simple. Le terme $\sqrt{5}$ ne pouvant pas être écrit plus simplement, il s'agit donc de mettre $\sqrt{5}$ en facteur commun. La calculatrice permettra de faire une vérification avant de recopier.

2 **Puissances de 10.** À faire tant qu'on a l'esprit frais, en début d'épreuve, car il y a toujours des risques d'erreur liés à l'inattention.

Exercice 2
Bien évidemment, ne pas partir de la forme réduite obtenue à la question 1 pour espérer factoriser. Sur la forme initiale, le facteur $(2x + 5)$ est en évidence.

La quatrième question est manifestement là pour offrir un moyen de vérifier ses calculs.

Exercice 3
Système à résoudre, par substitution ou par combinaison. Prendre quelques secondes pour vérifier le résultat.
La seconde question est manifestement une application. L'information « la famille comprend 4 adultes et 3 enfants » se traduit par un prix à payer de $4x + 3y$, **à condition de désigner par x le prix d'une entrée « adulte » et par y celui d'une entrée « enfant ».** Ce sont les choix d'inconnues à faire.

activités géométriques

Trois exercices indépendants.

Exercice 1
Manifestement, il s'agit du théorème de Thalès. L'écrire d'abord sans utiliser les valeurs numériques. À la seconde question, il faut prouver que des droites sont parallèles : c'est donc la réciproque du théorème de Thalès. L'écrire aussi à l'avance.

Exercice 2
Géométrie dans l'espace. D'abord, un triangle rectangle : il faut probablement penser au théorème de Pythagore. Pour la suite, la calculatrice sera sans doute nécessaire au calcul de la mesure d'un angle. Il y a ensuite une réduction : se souvenir que si le rapport de réduction est k, le rapport des volumes est k^3.

Exercice 3
Vecteurs, translations. Voir le résultat, mais aussi démontrer.

problème

L'énoncé nous prévient déjà que les deux parties sont indépendantes.
Quels sont le savoir-faire et les connaissances à mobiliser ?

Première partie

1 Juste une multiplication est une addition, à condition d'avoir bien lu le début de l'énoncé.

2 Il s'agit de répéter la question **1** en calcul littéral. Un soupçon : les formules des questions suivantes seront sans doute obtenues ici…

3 Placer les points dans un repère orthogonal. Attention aux unités !

4 Résoudre graphiquement des questions. Danger : si les droites ne sont pas correctement tracées, on risque des erreurs grossières. Vérifier par le calcul, c'est résoudre l'équation $f(x) = g(x)$.

Deuxième partie

Simple calcul de PGCD et application pratique : si on sait le faire, ce pourrait être quelques points faciles à gagner.

Je rédige

Nous avons lu en détail le sujet : quinze minutes. Il reste encore 1 h 45 pour chercher et rédiger. Bon courage…

CORRIGÉ DE *l'épreuve*

activités numériques

Solution	Commentaires
Exercice 1	
1 $A = 6\sqrt{5} - 3\sqrt{5} + 2\sqrt{5} = 5\sqrt{5}$	Il fallait reconnaître que 45 est le produit de 9 par 5, et donc $\sqrt{45} = \sqrt{9} \times \sqrt{5} = 3 \times \sqrt{5}$. Élever mentalement au carré les deux nombres $\sqrt{45}$ et $3\sqrt{5}$. Calcul semblable pour $\sqrt{20}$
2 Pour B, on peut simplifier d'abord les puissances de 10 « visibles » : $B = \dfrac{150 \times 8}{6 \times 10}$ Puis on simplifie 8 et 6 par 2, et 150 et 6 par 3 : $B = 50 \times 4 \times 10 = 2000$ ou, en notation scientifique : $B = 2 \times 10^3$	$\dfrac{10^3 \times 10^5}{10^7} = 10^{3+5-7} = 10.$
Exercice 2	
1 Développons séparément le carré et le produit : $C = (4x^2 + 20x + 25) - (2x^2 + 5x + 6x + 15)$ puis réduisons : $C = 2x^2 + 9x + 10$.	$(a + b)^2 = a^2 + 2ab + b^2$.
2 D'autre part, dans l'expression donnée, $(2x + 5)$ apparaît comme facteur : $C = (2x + 5)[(2x + 5) - (x + 3)]$ $= (2x + 5)(x + 2)$	À la lecture de la question suivante, on n'est pas étonné du résultat.
3 Ce produit de facteurs est nul lorsque l'un des facteurs est nul, ce qui donne deux solutions : $x = -\dfrac{5}{2}$ et $x = -2$	
4 Pour $x = -\dfrac{2}{3}$, l'expression développée s'écrit : $C = 2 \times \left(-\dfrac{2}{3}\right)^2 + 9 \times \left(-\dfrac{2}{3}\right) + 10$ $= 2 \times \left(\dfrac{4}{9}\right) - 6 + 10 = \dfrac{44}{9}$	Attention : $(-a)^2 = a^2$. S'il reste du temps, on peut vérifier à l'aide de l'écriture factorisée.

activités numériques

Solution	Commentaires
Exercice 3 **1** La première équation donne : $x = \frac{1}{4}(206 - 3y)$ ce qui, reporté dans la seconde, conduit à : $\frac{1}{2}(206 - 3y) + 2y = 114$ et se réduit en : $\frac{1}{2}y = 11$, d'où $y = 22$. Puis, grâce à la première équation : $x = \frac{1}{4}(206 - 66) = 35$.	Il est bon de vérifier le système donné : $140 + 66 = 206$ $70 + 44 = 114$
2 Comme cela était prévisible, en notant x le prix d'une entrée adulte et y celui d'une entrée enfant, la mise en équation du problème ramène au système d'équations étudié dans la première question. La famille C paiera donc : $3 \times 35 + 2 \times 22 = 149$ €.	

activités géométriques

Solution	Commentaires
Exercice 1 **1** Les droites (AB) et (CD) étant parallèles, la configuration des triangles à côtés proportionnels indique que $\frac{CD}{AB} = \frac{DE}{AE}$. Or, nous connaissons : $AB = 20$, $DE = 6$ et $AE = 10$. Donc : $CD = \frac{(20 \times 6)}{10} = 12$.	Comme prévu, nous avons une proportion (égalité de deux rapports). Sur les quatre longueurs qui y figurent, trois sont données par l'énoncé.

activités géométriques

Solution	Commentaires
2 Les égalités évidentes $\frac{BF}{BE} = \frac{12{,}8}{16} = 0{,}8$ et $\frac{BG}{BA} = \frac{16}{20} = 0{,}8$ entraînent $\frac{BF}{BE} = \frac{BG}{BA}$ et donc, compte tenu de la disposition des points, les droites (AE) et (FG) sont parallèles, d'après la réciproque du Théorème de Thalès.	La figure de l'énoncé fait facilement deviner les rapports égaux qui conduisent à l'égalité de Thalès. Ici, les quatre longueurs sont données par l'énoncé.
Exercice 2 **1** La relation de Pythagore permet d'écrire : $AS^2 = OA^2 + OS^2$. Avec $SA = 10$ cm et $OS = 8$ cm, on obtient : $OA^2 = 100 - 64 = 36 = 6^2$, et donc $OA = 6$ cm.	Sur la figure donnée, le triangle ASO était clairement rappelé comme un triangle rectangle.
2 L'aire de la base est (en cm^2) : $\mathcal{B} = \pi OA^2 = 36\pi$. Le volume est (en cm^3) : $\frac{1}{3}\mathcal{B} \times OS = \frac{1}{3} \times 36\pi \times 8 = 96\pi$. La calculatrice donne $\mathcal{V} = 301{,}592832$ que l'on arrondit au mm^3 : $\mathcal{V} = 301{,}593$.	Le volume d'un cône est donné par la formule : $\mathcal{V} = \frac{1}{3}\mathcal{B} \times h$.
3 Dans le triangle rectangle ASO, $\cos \widehat{ASO} = \frac{OS}{SA} = \frac{8}{10}$. La calculatrice donne une valeur approchée 36,87, qu'on arrondi à 37°.	Le sinus ou la tangente est aussi simple à calculer. Le choix est sans importance, à condition de bien connaître les définitions de ces formules trigonométriques.
4 Le rapport de réduction est $\frac{SI}{SO} = \frac{2}{8} = \frac{1}{4}$. Donc $\mathcal{V}' = \left(\frac{1}{4}\right)^3 \mathcal{V} = \frac{96\pi}{64} = \frac{3}{2}\pi$, dont une valeur approchée est 4,712 (en cm^3).	$\mathcal{V}' = k^3\mathcal{V}$. Ne pas repartir de la valeur approchée de $\mathcal{V}$, mais calculer directement $\mathcal{V}' = \frac{3}{2}\pi$.

activités géométriques

Solution	Commentaires
Exercice 3 **1** Remarquons d'abord que le triangle ABO, (où O désigne le centre du cercle circonscrit à l'hexagone ABCDEF) est isocèle (les rayons AO et BO sont égaux) et a un angle de 60° (en O). Il est donc équilatéral. Le segment [AD] est un diamètre du cercle circonscrit, et sa longueur est donc double du rayon, lui-même égal à AB puisque le triangle ABO est équilatéral. **2** Le pavage est symétrique par rapport à tout côté d'un hexagone, en particulier BG, qui passe par E. **3** [GA] est la base d'un triangle isocèle dont deux côtés ont pour longueur le rayon du cercle, et encadrent un angle de 120°. Il en est de même de [GC] et [AC]. Le point B est équidistant des trois sommets de ce triangle, et en est donc le centre du cercle circonscrit.	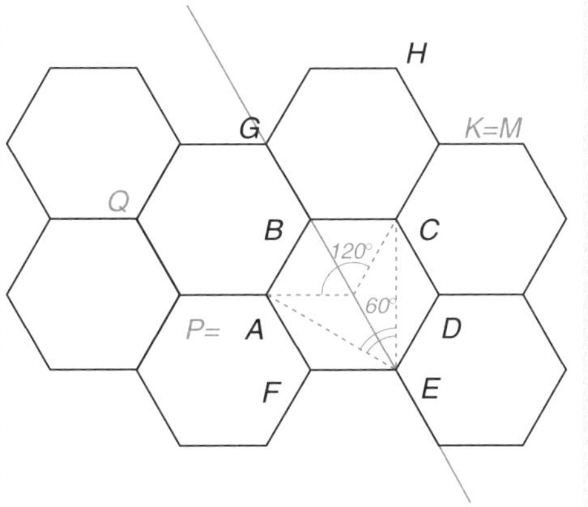 Il ne faut pas se contenter de donner la figure. Une justification est attendue.

problème

Solution	Commentaires
Première partie **1** Les bases du trapèze mesurent respectivement : $b = AM = 1$, et $B = DE + DF = 6 + AM = 6 + 1 = 7$, et la hauteur mesure $BC = 8$. L'aire du trapèze est donc (en m^2) $\frac{1}{2} \times 8 \times (7 + 1) = 32$.	La formule était rappelée.

CORRIGÉ DE l'épreuve

problème

<table>
<tr><th>Solution</th><th>Commentaires</th></tr>
<tr><td>La longueur du rectangle est
$MB = AB - AM = 9 - 1 = 8$.
L'énoncé donne $BC = 8$, l'aire est donc (en m^2) : $8 \times 8 = 64$.</td><td></td></tr>
<tr><td>2 Si on reprend les calculs précédents, en conservant la notation x pour AM, on obtient :
• pour le trapèze :
$\mathcal{A}_{AMFE} = \frac{1}{2} \times 8\,(x + 6 + x) = 8x + 24$
• pour le rectangle :
$\mathcal{A}_{MBCF} = 8\,(9 - x) = -8x + 72$.</td><td>La formule était rappelée.

On obtient sans surprise les expressions de $f(x)$ et g(x) de la question suivante.</td></tr>
<tr><td>3 Les représentations sont des droites. Deux points suffisent à les déterminer.</td><td>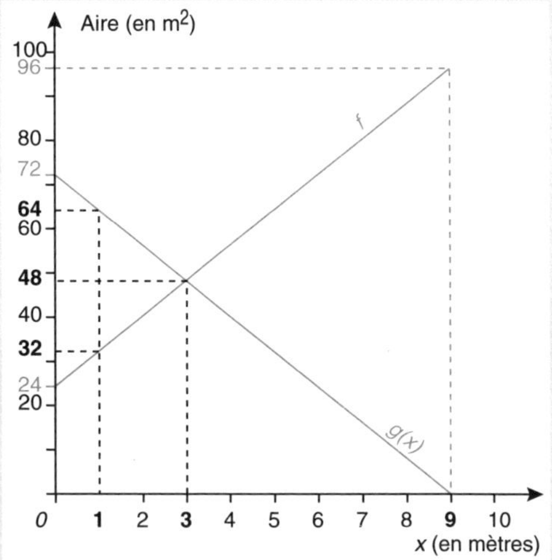
</td></tr>
<tr><td>Pour éviter de nouveaux calculs, on peut prendre les points d'abscisse 0, puis les points d'abscisse 1 pour lesquels les calculs ont été faits à la première question.</td><td>Bien entendu, on contrôlera rapidement avec, par exemple, une valeur simple comme $x = 9$, car on sait que $g(9) = 0$ et on calcule $f(9) = 96$.</td></tr>
</table>

problème

Solution	Commentaires
4 Le point d'intersection vérifie $f(x) = g(x)$, soit : $8x + 24 = -8x + 72$, qui se réduit en : $16x = 48$ et $x = 3$. On retrouve cette valeur sur le graphique (abscisse 3 ; ordonnée 48).	
Deuxième partie **1** Pour $x = 3{,}5$, les dimensions de la salle de travail sont $9 - 3{,}5 = 5{,}5$ et 8 m, soit, en cm : 550 et 800.	
2 Il doit entrer un nombre entier de fois c, dans la longueur comme dans la largeur. Comme on a exigé *c* entier, *c* doit être un diviseur commun à 550 et 800. En utilisant l'algorithme d'Euclide, on divise 800 par 550 et le reste est 250 ; 550 par 250 et le reste est 50 ; 250 par 50 et le reste est nul. Le PGCD est donc 50 (dernier reste non nul). Dans la longueur, il y a $800 : 50 = 16$ dalles, et dans la largeur, $550 : 50 = 11$ dalles. Donc $11 \times 16 = 176$ dalles en tout. Comme il n'y a aucune chute, les dalles recouvrent exactement la salle, dont l'aire est (en m^2) : $8 \times 5{,}5 = 44$, et le coût est donc $44 \times 13{,}50 = 594$ €.	On peut préférer décomposer 800 et 550 en facteurs premiers : $800 = 8 \times 100 = 2^3 \times (2 \times 5)^2$ $= 2^5 \times 5^2$ $550 = 5 \times 11 \times 10 = 2 \times 5^2 \times 11$. Le PGCD est donc $2 \times 5^2 = 50$. On pouvait aussi noter qu'il y a 4 dalles au m^2, calculer le prix d'une dalle $\left(\frac{1}{4} \times 13{,}50\right)$ et multiplier ce prix par le nombre de dalles.

RÉPONSES AUX *auto-tests*

Pour chaque auto-test, compter un point par bonne réponse. Si le score obtenu est inférieur à 7 indiqué, il faut impérativement revoir le cours et les exercices.

CHAPITRE 1

1. Vrai : ne serait-ce que leur produit.

2. Vrai : ne serait-ce que l'entier 1.

3. Vrai : parmi les diviseurs d'un entier A, il en existe un plus petit (l'entier 1) et un plus grand (l'entier A).

4. Faux : parmi les multiples d'un entier, il en existe bien un plus petit (0, ou, si on l'exclut, lui-même) mais il n'en existe pas de plus grand. Si grand que soit un multiple de A, on en forme un encore plus grand en lui ajoutant A.

5. Vrai.

6. Faux : par exemple, 2 et 3 sont diviseurs de 6, mais leur somme 5 ne l'est pas.

7. Vrai.

8. Vrai.

9. L'affirmation 1 est évidemment fausse puisqu'on choisit librement A et B.
L'affirmation 2 est vraie, par exemple lorsque B est un multiple de A, A est le PGCD de A et B. L'affirmation 3 est vraie. Si on choisit $A = B$, alors $C = A$.

10. Vrai : tout diviseur commun à B et $A + BC$ diviserait A.

CHAPITRE 2

1. Vrai.

2. Faux : $\frac{2}{\sqrt{3}} = \frac{2 \times \sqrt{3}}{\sqrt{3} \times \sqrt{3}} = \frac{2\sqrt{3}}{3}$.

3. Faux : cela n'est vrai que si les deux nombres sont positifs.

4. Vrai : c'est la définition même de la racine carrée.

5. Faux : ce n'est vrai que si ce nombre est positif.

6. Vrai.

7. Vrai : $\sqrt{45} = \sqrt{9 \times 5} = \sqrt{9} \times \sqrt{5} = 3\sqrt{5}$.

8. Faux : il n'existe pas de règle de calcul sur les sommes de racines.

9. Faux : cette équation n'admet aucune solution.

10. Faux : $\sqrt{0} = 0$.

RÉPONSES AUX *auto-tests*

CHAPITRE 3

1. Vrai.

2. Faux : la multiplication est prioritaire sur l'addition $4 \times 2 - 2 \times 3 = 8 - 6 = 2$.

3. Vrai : l'élévation à une puissance est prioritaire sur la multiplication :
$3 \times 2^2 - 5 \times 2 = 3 \times 4 - 10 = 12 - 10 = 2$.

4. Vrai : c'est la « règle des produits en croix ».

5. Faux : pour calculer la somme, le dénominateur doit être le même pour les deux fractions, et il est aussi le dénominateur de la somme : $\frac{a}{d} + \frac{b}{d} = \frac{a+b}{d}$.

6. Vrai.

7. Faux : la formule exacte est :
$(a + b)^2 = a^2 + b^2 + 2ab$.

8. Vrai : $a^2 + b^2 - 2ab = (a - b)^2$, donc $a^2 + b^2 - 2ab \geqslant 0$, et donc $a^2 + b^2 \geqslant 2ab$.

9. Faux : $(x - 1)(x + 1) = x^2 - 1$. D'ailleurs, la somme $x^2 + 1$ ne peut pas être factorisée : si on pouvait l'écrire sous la forme d'un produit de facteurs comme $(ax + b)(cx + d)$, il existerait au moins une valeur de x qui l'annulerait ; or, cela est impossible, puisque $x^2 + 1$ est toujours supérieur à 1, et donc jamais égal à 0.

10. Vrai : il suffit d'appliquer les règles de calcul ; en revanche la factorisation n'est pas toujours possible.

CHAPITRE 4

1. Vrai : elle représente le produit de quatre facteurs égaux à –6,91, et ce produit est positif d'après la règle des signes.

2. Vrai : n'importe quel nombre non nul, élevé à la puissance 0, donne 1.

3. Vrai : c'est la définition même de la puissance d'exposant 1.

4. Vrai : voir les règles de calcul sur les puissances p. 50.

5. Faux : la somme de deux puissances d'un même nombre n'est même pas une puissance de ce nombre.

6. Faux : c'est l'inverse d'un nombre positif, et donc un nombre positif.

7. Vrai : c'est la puissance d'exposant –1.

8. Faux : l'exposant est la *différence* des exposants.

9. Faux : par exemple, $10^0 = 1 \quad 10^{-1} = 0{,}1$.

10. Faux : la notation exacte est $1{,}47.10^{-1}$.

CHAPITRE 5

1. Vrai : elle s'écrit encore $4x - 4 = 4x - 4$; tout x est solution.

2. Faux : l'unique solution de cette équation est $x = 2$.

3. Vrai.

4. Faux : le *couple* (2, 1) est la solution (unique) de ce système.

5. Vrai :
$3 \times (-2) + 2 \times 1 + 4 = -6 + 2 + 4 = 0$.

6. Vrai.

7. Vrai : voir la méthode p. 64.

8. Faux : ces manipulations ne permettent pas d'éliminer y ! Pour combiner les équations il faut les multiplier par des coefficients, et en faire la somme membre à membre.

9. Faux : mettre en équations, c'est trouver les relations que doivent vérifier les inconnues.

10. Vrai.

CHAPITRE 6

1. Faux : la vitesse est $\frac{10 \times 3600}{1000} = 36$ km/h.

2. Vrai : les points sont alignés sur une droite passant par O.

3. Vrai : $v(\text{eau}) = 200\left(1 - \frac{8}{100}\right) = 184$ cm^3.

4. Vrai : la taille de gâteau est proportion-

6 personnes	1 personne	10 personnes
120 g	20 g	200 g

nelle à la masse de beurre.

5. Vrai : la diagonale de l'écran mesure $32 \times 2{,}54 = 81{,}28$ cm.

6. Faux : le coefficient directeur de cette droite est égal à $\frac{2}{3}$.
(2 carreaux verticalement et 3 carreaux horizontalement).

7. Faux : le prix après l'augmentation est $P = 20\left(1 + \frac{15}{100}\right)$.

Le prix après la remise sera :

$$P = 20\left(1 + \frac{15}{100}\right)\left(1 - \frac{15}{100}\right) = 20 \times 0{,}9775 = 19{,}55 \text{ €}.$$

8. Vrai : l'allongement du ressort
= longueur actuelle – longueur initiale.
$= \left(\frac{m}{100} + 5\right) - 5 = \frac{m}{100}$
or $m = 100$ g alors $\frac{m}{100} = 1$ cm ce qui est bien le cas.

9. Vrai : $T° = 18 - \frac{6{,}5 \times h}{1000}$
$= 18 - 26 = -8$°C.

10. Faux : la fonction définie par $x \mapsto 2x + 3$ est représentée par une droite de coefficient directeur $a = -2$.

La fonction définie par $x \mapsto 2x - 3$ est représentée par une droite de coefficient directeur $a = 2$.
Par conséquent les deux droites ne sont pas parallèles.

CHAPITRE 7

1. Vrai : quel que soit le nombre x non nul, x^2 est strictement positif.

2. Faux : par exemple, en substituant $x = -1$, on obtient l'inégalité fausse $2 < 1$.

3. Vrai.

4. Faux : en ajoutant $-4x$ aux deux membres, on obtient $0 > 5 - 4x$.

5. Vrai : on a multiplié par –1, qui est un nombre strictement négatif ; l'inégalité change de sens.

6. Vrai : l'inéquation s'écrit encore $3x > -6$ ou $x > -2$.

7. Faux : les solutions du système sont les nombres à la fois supérieurs à –3 et à 1, c'est-à-dire les nombres supérieurs à 1.

8. Vrai : aucun nombre n'est à la fois supérieur à 1 et inférieur à 0.

9. Vrai.

10. Faux : par exemple, (0, 0) n'est pas solution.

CHAPITRE 8

1. Faux : c'est un rapport, compris entre 0 et 1.

2. Vrai : aux erreurs d'arrondi près.

3. Vrai.

4. Faux : la moyenne est égale à la valeur commune.

5. Faux : on ne peut faire de cumuls que pour des caractères ordonnés.

6. Faux : ce résultat n'est pas vrai pour les fréquences *cumulées*.

7. Vrai.

8. Faux : il faut connaître l'effectif total de la série.

9. Faux : la médiane est 7 : c'est la valeur qui partage la série classée en deux parties de même effectif (ici : 3).

10. Vrai.

CHAPITRE 9

1. Faux : la probabilité d'une issue est égale à $\frac{1}{4}$.

2. Vrai. $p(\bar{E}) = 1 - 0,4 = 0,6$.

3. Faux : si un événement est impossible, sa probabilité est égale à 0.

4. Faux : A et B sont incompatibles.

$p(A) = 0,3$ et $p(B) = 0,6$.

Alors $p(A \text{ ou } B) = 0,3 + 0,6 = 0,9$.

5. Faux : la probabilité d'avoir un cœur est de $\frac{1}{4} \times \frac{7}{31}$.

6. Vrai. Un numéro supérieur ou égal à 7 est 7 ou 8 ou 9.

Alors $p(E) = \frac{3}{9} = \frac{1}{3}$.

7. Vrai. dans le mot ANANAS il y a 3 lettres A. La probabilité de tirer un A est $\frac{3}{6} = 0,5$.

8. Faux : pour obtenir 4 il faut 1 + 3 ou 2 + 2. En traçant le tableau des issues on trouve 3 possibilités donc

$p(4) = \frac{3}{36} = \frac{1}{12}$.

	1	**2**	**3**	**4**	**5**	**6**
1	2	3	4	5		
2	3	4	5			
3	4	5				
4	5					
5						
6						

9. Vrai

10. Vrai. il n'y a qu'un seul roi de cœur dans le jeu alors $p = \frac{1}{32}$.

RÉPONSES AUX auto-tests

CHAPITRE 10

1. Vrai : c'est le théorème de Pythagore.

2. Vrai : c'est la réciproque du théorème de Pythagore.

3. Vrai.

4. Vrai.

5. Faux : le triangle n'est pas un triangle rectangle.

6. Vrai.

7. Faux : la tangente d'un angle aigu peut prendre n'importe quelle valeur positive.

8. Vrai.

9. Vrai : cette relation peut s'écrire : $\tan x = \frac{\sin x}{\cos x}$.

10. Faux : la relation correcte est : $\cos^2 x + \sin^2 x = 1$.

CHAPITRE 11

1. Faux : cela n'a aucun sens ; un angle a un sommet, pas trois ! Il ne faut pas confondre *angle* inscrit et *triangle* inscrit.

2. Vrai.

3. Vrai.

4. Faux : si les deux cordes AB et AC forment un angle droit en A alors c'est BC qui est diamètre du cercle.

5. Vrai.

6. Vrai.

7. Vrai.

8. Faux : les angles inscrits mesurent la moitié de l'angle au centre associé, c'est-à-dire ici 20°.

9. Vrai.

10. Faux : cela n'est vrai que si les points M et N appartiennent au même arc $\overset{\frown}{AB}$; les angles inscrits $\widehat{AMB}$ et $\widehat{ANB}$ interceptent alors effectivement le même arc.

CHAPITRE 12

1. Vrai.

2. Faux : la figure ci-contre montre un contre-exemple.

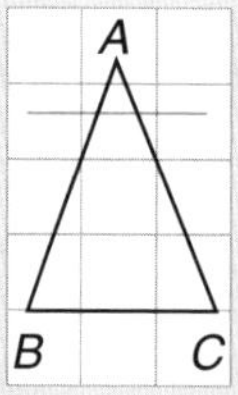

3. Vrai.

4. Vrai.

5. Faux : $\frac{3}{7} \neq \frac{2}{5}$.

6. Faux : $\frac{4}{6{,}5} \neq \frac{3}{4{,}5}$.

7. Vrai : $\frac{OC}{OA} = \frac{OD}{OB}$ donc $OC = OA \times \frac{OD}{OB} = 9$ et donc $AC = 6$.

8. Vrai : $\frac{OC}{OA} = \frac{OD}{OB}$ donc $OD = OB \times \frac{OC}{OA} = 8$ et donc $BD = 6$.

9. Faux : si l'on ne connaît pas AB, on ne peut pas calculer CD.

10. Vrai : $\frac{OA}{OD} = \frac{OB}{OC} = \frac{AB}{CD}$ donc $AB = CD \times \frac{OA}{OD} = 6$.

RÉPONSES AUX auto-tests

CHAPITRE 13

1. Vrai.

2. Faux : cette propriété supplémentaire est vraie lorsque le plan de section est, non seulement parallèle à une arête, mais à une face tout entière.

3. Faux : on est seulement certain que c'est un rectangle.

4. Faux : c'est un rectangle.

5. Vrai : un tel plan est parallèle à l'axe.

6. Faux : il y a parmi elles des disques, des rectangles, dont les aires sont différentes.

7. Vrai : $\mathcal{V} = \frac{1}{3} B \times h = \frac{1}{3} 16 \times 3 = 16$.

8. Faux : les aires se trouvent multipliées par $5^2 = 25$, et les volumes par $5^3 = 125$.

9. Faux : ce sont des réductions de la base.

10. Faux : le volume est le tiers de ce produit.

CHAPITRE 14

1. Vrai : c'est la définition même de la sphère.

2. Vrai.

3. Faux : le diamètre est le double du rayon.

4. Faux : cela n'est vrai que pour un plan diamétral. Dans le cas général, le centre du cercle est le point H commun au plan et à la droite perpendiculaire au plan issue du centre de la sphère.

5. Vrai.

6. Vrai.

7. Faux : le volume de la sphère est $\frac{4}{3}\pi R^3$, et le volume du cylindre donné est :

$\pi R^2 \times R = \pi R^3$. Or $\frac{4}{3} > 1$, donc $\frac{4}{3}\pi R^3 > \pi R^3$.

8. Faux : c'est la longueur de l'équateur qui mesure 40 000 km ; le rayon terrestre est d'environ 6 400 km.

9. Faux : c'est Paris qui se trouve à l'est de Greenwich.

10. Vrai : cela résulte de la définition de la longitude et de la latitude.

NOTES

NOTES

NOTES

NOTES

Imprimé en France par Sepec à Péronnas
N° d'édition : 004771-01 – N° d'imprimeur : 080919250
Dépôt légal : octobre 2008